河南大学金明校区
植物图谱

刘路贤　董美芳　吴建伟
编著

图书在版编目（CIP）数据

河南大学金明校区植物图谱 / 刘路贤，董美芳，吴建伟编著. -- 郑州：河南大学出版社，2022.8
ISBN 978-7-5649-5297-6

Ⅰ．①河… Ⅱ．①刘… ②董… ③吴… Ⅲ．①河南大学－植物－图集 Ⅳ．①Q948.526.13-64

中国版本图书馆CIP数据核字(2022)第159977号

河南大学金明校区植物图谱
HENANDAXUE JINMING XIAOQU ZHIWU TUPU

摄　　影	刘路贤　陈梦真　朱蒙蒙
责任编辑	马　博　展文婕
责任校对	李　云　肖凤英
封面设计	翟淼淼

出版发行	河南大学出版社
地　　址	郑州市郑东新区商务外环中华大厦2401号
邮　　编	450046
电　　话	0371-86059701（营销部）
	0371-22860116（人文社科分公司）
网　　址	hupress.henu.edu.cn
排　　版	河南大学文化产业基地有限公司
印　　刷	郑州印之星印务有限公司
版　　次	2022年8月第1版
印　　次	2022年8月第1次印刷
开　　本	787 mm × 1092 mm　1/16
印　　张	25.5
字　　数	460 千
定　　价	128.00 元

版权所有・侵权必究

本书如有印装质量问题，请与河南大学出版社营销部联系调换

作者简介

刘路贤

男，河南大学生命科学学院副教授，硕士生导师，河南省植物学会理事，河南大学校园植物学生社团——"至善植物"指导教师。长期从事植物分类与系统发育方面的研究。第二届"绿叶科抖"全国植物科普短视频大赛"最佳人气奖"作品指导老师。

董美芳

女，河南大学生命科学学院副教授，硕士生导师，河南省植物学会理事。多年以来，一直承担植物解剖学、植物分类学教学工作，以及植物学野外实习指导工作，主要从事植物胚胎学研究。

吴建伟

男，满族，河南栾川人，文学硕士，副教授，河南大学生命科学学院党委书记，开封市优秀教育工作者，河南省高校优秀共产党员。主要从事高等教育改革发展、党建思政和文化等方面的研究。

《河南大学金明校区植物图谱》编写组

主　　编	刘路贤　董美芳　吴建伟
审　　校	李　攀
顾　　问	尚富德
参编人员	（按姓氏拼音排序）
	陈梦真　丁丹阳　邓　攀
	何艳霞　刘　浩　宋紫川
	杨冉冉　张智博　朱蒙蒙

前言

河南大学是一所办学历史悠久、学科门类齐全、专业特色鲜明、文化底蕴深厚的国家"双一流"建设高校。河南大学创立于1912年，始名河南留学欧美预备学校。后历经中州大学、国立第五中山大学、省立河南大学、国立河南大学、河南师范学院、开封师范学院、河南师范大学等阶段，1984年恢复河南大学校名。建校110年来，学校恪守"明德新民，止于至善"的校训，形成了"团结、勤奋、严谨、朴实"的校风和以"百折不挠、自强不息"为核心的大学精神，培养了70多万名各类人才，为教育振兴、科技创新、文化传承、社会进步和人类文明做出了突出贡献。

河南大学目前拥有郑州龙子湖校区和开封明伦校区（近代建筑群是国家级重点文物保护单位）、金明校区三个校区。其中金明校区建成于2005年，校区总面积1800余亩。金明校区现代化建筑彰显出了学校开拓创新的时代风貌。若从半空中鸟瞰，金明校区地形酷似古代青铜器"钺"，折线环形机动车道与"丫"字形人行道相结合，形成总体骨架，一条水系贯穿南北。在极富韵律之美的主题框架里，线条流畅的组团式现代主义校舍灵动地掩映在大片绿化带中。一池碧水，天鹅游弋，海棠花开，落英缤纷。巍峨雄壮的图书大楼，是金明校区的标志性建筑，更是万千学子的思想驿站。

植物是大学校园绿化中最为重要的构景要素，校园植物可以作为学校生态文化传承的一部分，独具特色的校园绿化能够很好地表现出一种校园文化内涵，也是校园生态文化建设的一个重要方面。河南大学在发展的过程中校园植物也跟随着学校的脚步不断地成长。河大校园内风光旖旎，绿树成荫、花团锦簇，植物多样性十分丰富。校园植物的物种丰富度不但为河大师生提供了优美的工作、学习和生活环境，也与河大浓郁的人文气息交相辉映。金明校区内除了常见的原生植物和园林栽培植物外，还引种了一些珍稀濒危植物。水杉虽为世界珍稀的孑遗植物，却常见于九章路北段与雪垠湖的周边。特产于我国中生代孑遗稀有的"活化石"植物——银杏，成片地种植于金明校区内，到了秋天，金黄色的银杏叶洒落一地，已经成为师生们的拍照胜地。春夏秋冬，四季更换，一届一届的学生都满载收获离开了校园，这些植物却经年不变，用自己独特的方式陪伴着同学们的成长。同样，它们又承载着各届"河大人"的记忆，年复一年而变得愈发厚重。

十年树木，百年树人。莘莘学子的茁壮成长，草木花卉的四季芬芳，是大学校园里珠联璧合的美好景观。近年来，国内不少高校出版了各自的校园植物图谱，例如清华大学的《水木湛清华》、北京大学的《燕园草木》、武汉大学的《珞珈山植物原色图谱》以及浙江大学的《浙江大学紫金港植物原色图谱》等，这些校园植物图谱的出版使得其他大学也逐渐重视并塑造自己的校园与生态文化。恰逢河南大学建校110周年之际，我们编写并出版《河南大学金明校区植物图谱》。图谱封面选取金明校区三大植物类群代表物种——犬问荆（蕨类植物）的孢子囊穗、水杉（裸子植物）的球果以及杂交鹅掌楸（被子植物）的花朵组成"110"字样，寓意河南大学已建成110年，预祝母校在已有的基础上继续精进，未来取得更加辉煌的成绩！

本图谱收录了金明校区野生以及引种栽培植物88科243属371种（含种下单位），其中蕨类植物1种，裸子植物14种，被子植物356种。每个植物从拍摄图库中选取3～4张照片，包含其树干、枝条、叶等营养器官以及花、果实等生殖器官，用以真实地反映出它们的分类识别特征。此外，图谱中还配以简明扼要的文字描述了植物的物种特征、利用价值、校园分布以及与该植物相关的古诗词或花语，以便读者图文对照。蕨类植物分类采用 PPG I（Schuettpelz et al., 2016）系统，裸子植物分类采用 GPG I（Yang et al., 2022）系统，被子植物分类采用 APGIV 系统（Chase et al., 2016）。物种中文名参考 Chinese Field Herbarium（CFH），拉丁学名参考 Flora of China（FOC）和 The Plant List（TPL）。图谱最后附有植物种类的拉丁名索引和中文名索引，便于读者查阅。

本书的编写出版得到了河南大学生物学一流学科建设、河南省重大公益性科研专项（项目编号：201300110900）以及科技部国家科技基础条件平台国家标本资源共享平台2018～2019年专项课题（项目编号：2005DKA21400）的经费支持。感谢河南大学生命科学学院对本书编写给予了极大的关心和帮助。感谢河南大学出版社为本书出版付出的辛勤汗水。在本书出版过程中，河南大学冯美娟、陈星语、廉高敏、刘梦瑶、司豪、刘佳怡、张璇、叶芷杏、晏晨等同学参与了部分整理工作，感谢你们对本书编写的支持和贡献。

由于时间和水平有限，书中难免存在错误和不妥之处，敬请广大读者批评指正。

刘路贤　董美芳　吴建伟
2022年9月于河南大学金明校区

目录

壹 · 蕨类植物 Pteridophyta
01. 犬问荆　木贼科 Equisetaceae.. 3

贰 · 裸子植物 Gymnospermae
02. 苏铁　苏铁科 Cycadaceae... 7
03. 银杏　银杏科 Ginkgoaceae.. 8
04. 铺地柏　柏科 Cupressaceae... 9
05. 龙柏　柏科 Cupressaceae... 10
06. 北美圆柏　柏科 Cupressaceae.. 11
07. 千头柏　柏科 Cupressaceae.. 12
08. 水杉　柏科 Cupressaceae.. 13
09. 池杉　柏科 Cupressaceae.. 14
10. 雪松　松科 Pinaceae.. 15
11. 白皮松　松科 Pinaceae.. 16
12. 黑松　松科 Pinaceae.. 17
13. 马尾松　松科 Pinaceae.. 18
14. 湿地松　松科 Pinaceae.. 19
15. 油松　松科 Pinaceae.. 20

叁 · 被子植物 Angiospermae
16. 白睡莲　睡莲科 Nymphaeaceae.. 23
17. 北马兜铃　马兜铃科 Aristolochiaceae.. 24
18. 杂交鹅掌楸　木兰科 Magnoliaceae.. 25
19. 荷花玉兰　木兰科 Magnoliaceae.. 26
20. 宝华玉兰　木兰科 Magnoliaceae.. 27
21. 玉兰　木兰科 Magnoliaceae.. 28
22. 二乔玉兰　木兰科 Magnoliaceae.. 29
23. 紫玉兰　木兰科 Magnoliaceae.. 30
24. 望春玉兰　木兰科 Magnoliaceae.. 31
25. 蜡梅　蜡梅科 Calycanthaceae.. 32
26. 山胡椒　樟科 Lauraceae... 33

27.	龟背竹　天南星科 Araceae…………………………………	34
28.	广东万年青　天南星科 Araceae………………………………	35
29.	鸢尾　鸢尾科 Iridaceae………………………………………	36
30.	萱草　阿福花科 Asphodelaceae………………………………	37
31.	薤白　石蒜科 Amaryllidaceae…………………………………	38
32.	麦冬　天门冬科 Asparagaceae…………………………………	39
33.	沿阶草　天门冬科 Asparagaceae………………………………	40
34.	凤尾丝兰　天门冬科 Asparagaceae……………………………	41
35.	棕榈　棕榈科 Arecaceae………………………………………	42
36.	大花美人蕉　美人蕉科 Cannaceae……………………………	43
37.	水烛　香蒲科 Typhaceae………………………………………	44
38.	扁秆荆三棱　莎草科 Cyperaceae………………………………	45
39.	细叶薹草　莎草科 Cyperaceae…………………………………	46
40.	香附子　莎草科 Cyperaceae……………………………………	47
41.	水葱　莎草科 Cyperaceae………………………………………	48
42.	芦竹　禾本科 Poaceae…………………………………………	49
43.	野燕麦　禾本科 Poaceae………………………………………	50
44.	雀麦　禾本科 Poaceae…………………………………………	51
45.	虎尾草　禾本科 Poaceae………………………………………	52
46.	狗牙根　禾本科 Poaceae………………………………………	53
47.	纤毛马唐　禾本科 Poaceae……………………………………	54
48.	无芒稗　禾本科 Poaceae………………………………………	55
49.	牛筋草　禾本科 Poaceae………………………………………	56
50.	缘毛鹅观草　禾本科 Poaceae…………………………………	57
51.	画眉草　禾本科 Poaceae………………………………………	58
52.	苇状羊茅　禾本科 Poaceae……………………………………	59
53.	白茅　禾本科 Poaceae…………………………………………	60
54.	阔叶箬竹　禾本科 Poaceae……………………………………	61
55.	硬直黑麦草　禾本科 Poaceae…………………………………	62
56.	黑麦草　禾本科 Poaceae………………………………………	63
57.	多花黑麦草　禾本科 Poaceae…………………………………	64
58.	芦苇　禾本科 Poaceae…………………………………………	65
59.	紫竹　禾本科 Poaceae…………………………………………	66
60.	斑竹　禾本科 Poaceae…………………………………………	67
61.	变竹　禾本科 Poaceae…………………………………………	68
62.	金镶玉竹　禾本科 Poaceae……………………………………	69
63.	早熟禾　禾本科 Poaceae………………………………………	70
64.	草地早熟禾　禾本科 Poaceae…………………………………	71
65.	长芒棒头草　禾本科 Poaceae…………………………………	72

66. 棒头草	禾本科 Poaceae	73
67. 大狗尾草	禾本科 Poaceae	74
68. 狗尾草	禾本科 Poaceae	75
69. 节节麦	禾本科 Poaceae	76
70. 普通小麦	禾本科 Poaceae	77
71. 紫堇	罂粟科 Papaveraceae	78
72. 木防己	防己科 Menispermaceae	79
73. 日本小檗	小檗科 Berberidaceae	80
74. 南天竹	小檗科 Berberidaceae	81
75. 小侧金盏花	毛茛科 Ranunculaceae	82
76. 花毛茛	毛茛科 Ranunculaceae	83
77. 茴茴蒜	毛茛科 Ranunculaceae	84
78. 石龙芮	毛茛科 Ranunculaceae	85
79. 莲	莲科 Nelumbonaceae	86
80. 一球悬铃木	悬铃木科 Platanaceae	87
81. 二球悬铃木	悬铃木科 Platanaceae	88
82. 三球悬铃木	悬铃木科 Platanaceae	89
83. 黄杨	黄杨科 Buxaceae	90
84. 芍药	芍药科 Paeoniaceae	91
85. 牡丹	芍药科 Paeoniaceae	92
86. 蚊母树	金缕梅科 Hamamelidaceae	93
87. 垂盆草	景天科 Crassulaceae	94
88. 乌蔹莓	葡萄科 Vitaceae	95
89. 葡萄	葡萄科 Vitaceae	96
90. 蘡薁	葡萄科 Vitaceae	97
91. 蒺藜	蒺藜科 Zygophyllaceae	98
92. 合欢	豆科 Fabaceae	99
93. 紫穗槐	豆科 Fabaceae	100
94. 紫荆	豆科 Fabaceae	101
95. 黄山紫荆	豆科 Fabaceae	102
96. 皂荚	豆科 Fabaceae	103
97. 少花米口袋	豆科 Fabaceae	104
98. 兴安胡枝子	豆科 Fabaceae	105
99. 天蓝苜蓿	豆科 Fabaceae	106
100. 小苜蓿	豆科 Fabaceae	107
101. 紫苜蓿	豆科 Fabaceae	108
102. 草木樨	豆科 Fabaceae	109
103. 白花草木樨	豆科 Fabaceae	110
104. 槐	豆科 Fabaceae	111

105.	刺槐　豆科 Fabaceae	112
106.	毛洋槐　豆科 Fabaceae	113
107.	白车轴草　豆科 Fabaceae	114
108.	蚕豆　豆科 Fabaceae	115
109.	救荒野豌豆　豆科 Fabaceae	116
110.	窄叶野豌豆　豆科 Fabaceae	117
111.	小巢菜　豆科 Fabaceae	118
112.	藤萝　豆科 Fabaceae	119
113.	木瓜　蔷薇科 Rosaceae	120
114.	贴梗海棠　蔷薇科 Rosaceae	121
115.	山楂　蔷薇科 Rosaceae	122
116.	枇杷　蔷薇科 Rosaceae	123
117.	草莓　蔷薇科 Rosaceae	124
118.	棣棠花　蔷薇科 Rosaceae	125
119.	西府海棠　蔷薇科 Rosaceae	126
120.	垂丝海棠　蔷薇科 Rosaceae	127
121.	北美海棠　蔷薇科 Rosaceae	128
122.	湖北海棠　蔷薇科 Rosaceae	129
123.	海棠花　蔷薇科 Rosaceae	130
124.	花红　蔷薇科 Rosaceae	131
125.	毛山荆子　蔷薇科 Rosaceae	132
126.	苹果　蔷薇科 Rosaceae	133
127.	楸子　蔷薇科 Rosaceae	134
128.	山荆子　蔷薇科 Rosaceae	135
129.	石楠　蔷薇科 Rosaceae	136
130.	红叶石楠　蔷薇科 Rosaceae	137
131.	朝天委陵菜　蔷薇科 Rosaceae	138
132.	绢毛匍匐委陵菜　蔷薇科 Rosaceae	139
133.	蛇莓　蔷薇科 Rosaceae	140
134.	白花重瓣麦李　蔷薇科 Rosaceae	141
135.	东京樱花　蔷薇科 Rosaceae	142
136.	山樱花　蔷薇科 Rosaceae	143
137.	日本晚樱　蔷薇科 Rosaceae	144
138.	樱桃　蔷薇科 Rosaceae	145
139.	欧洲甜樱桃　蔷薇科 Rosaceae	146
140.	桃　蔷薇科　Rosaceae	147
141.	离核毛桃　蔷薇科 Rosaceae	148
142.	桃的四个品种　蔷薇科 Rosaceae	149
143.	山桃　蔷薇科 Rosaceae	150

144. 梅　　薔薇科 Rosaceae	151
145. 美人梅　　薔薇科 Rosaceae	152
146. 榆叶梅　　薔薇科 Rosaceae	153
147. 李　　薔薇科 Rosaceae	154
148. 紫叶李　　薔薇科 Rosaceae	155
149. 杏　　薔薇科 Rosaceae	156
150. 火棘　　薔薇科 Rosaceae	157
151. 白梨　　薔薇科 Rosaceae	158
152. 豆梨　　薔薇科 Rosaceae	159
153. 杜梨　　薔薇科 Rosaceae	160
154. 野薔薇　　薔薇科 Rosaceae	161
155. 月季花　　薔薇科 Rosaceae	162
156. 绣球绣线菊　　薔薇科 Rosaceae	163
157. 枣　　鼠李科 Rhamnaceae	164
158. 榔榆　　榆科 Ulmaceae	165
159. 榆树　　榆科 Ulmaceae	166
160. 大果榉　　榆科 Ulmaceae	167
161. 大叶榉　　榆科 Ulmaceae	168
162. 大叶朴　　大麻科 Cannabaceae	169
163. 朴树　　大麻科 Cannabaceae	170
164. 紫弹树　　大麻科 Cannabaceae	171
165. 黑弹树　　大麻科 Cannabaceae	172
166. 珊瑚朴　　大麻科 Cannabaceae	173
167. 葎草　　大麻科 Cannabaceae	174
168. 青檀　　大麻科 Cannabaceae	175
169. 构树　　桑科 Moraceae	176
170. 无花果　　桑科 Moraceae	177
171. 桑　　桑科 Moraceae	178
172. 胡桃　　胡桃科 Juglandaceae	179
173. 枫杨　　胡桃科 Juglandaceae	180
174. 马泡瓜　　葫芦科 Cucurbitaceae	181
175. 白杜　　卫矛科 Celastraceae	182
176. 扶芳藤　　卫矛科 Celastraceae	183
177. 冬青卫矛　　卫矛科 Celastraceae	184
178. 西南卫矛　　卫矛科 Celastraceae	185
179. 酢浆草　　酢浆草科 Oxalidaceae	186
180. 关节酢浆草　　酢浆草科 Oxalidaceae	187
181. 红花酢浆草　　酢浆草科 Oxalidaceae	188
182. 紫花地丁　　堇菜科 Violaceae	189

183. 三色角堇	堇菜科 Violaceae	190
184. 早开堇菜	堇菜科 Violaceae	191
185. 加杨	杨柳科 Salicaceae	192
186. 毛白杨	杨柳科 Salicaceae	193
187. 响毛杨	杨柳科 Salicaceae	194
188. 腺柳	杨柳科 Salicaceae	195
189. 旱柳	杨柳科 Salicaceae	196
190. 垂柳	杨柳科 Salicaceae	197
191. 柞木	杨柳科 Salicaceae	198
192. 铁苋菜	大戟科 Euphorbiaceae	199
193. 乳浆大戟	大戟科 Euphorbiaceae	200
194. 泽漆	大戟科 Euphorbiaceae	201
195. 斑地锦	大戟科 Euphorbiaceae	202
196. 地锦草	大戟科 Euphorbiaceae	203
197. 乌桕	大戟科 Euphorbiaceae	204
198. 重阳木	叶下珠科 Phyllanthaceae	205
199. 野老鹳草	牻牛儿苗科 Geraniaceae	206
200. 天竺葵	牻牛儿苗科 Geraniaceae	207
201. 紫薇	千屈菜科 Lythraceae	208
202. 千屈菜	千屈菜科 Lythraceae	209
203. 石榴	千屈菜科 Lythraceae	210
204. 小花山桃草	柳叶菜科 Onagraceae	211
205. 黄连木	漆树科 Anacardiaceae	212
206. 黄栌	漆树科 Anacardiaceae	213
207. 火炬树	漆树科 Anacardiaceae	214
208. 三角槭	无患子科 Sapindaceae	215
209. 建始槭	无患子科 Sapindaceae	216
210. 梣叶槭	无患子科 Sapindaceae	217
211. 飞蛾槭	无患子科 Sapindaceae	218
212. 金沙槭	无患子科 Sapindaceae	219
213. 红槭	无患子科 Sapindaceae	220
214. 五角槭	无患子科 Sapindaceae	221
215. 栾树	无患子科 Sapindaceae	222
216. 复羽叶栾树	无患子科 Sapindaceae	223
217. 七叶树	无患子科 Sapindaceae	224
218. 花椒	芸香科 Rutaceae	225
219. 臭椿	苦木科 Simaroubaceae	226
220. 香椿	楝科 Meliaceae	227
221. 楝	楝科 Meliaceae	228

序号	名称	科名	页码
222.	苘麻	锦葵科 Malvaceae	229
223.	蜀葵	锦葵科 Malvaceae	230
224.	梧桐	锦葵科 Malvaceae	231
225.	陆地棉	锦葵科 Malvaceae	232
226.	小花扁担杆	锦葵科 Malvaceae	233
227.	木槿	锦葵科 Malvaceae	234
228.	少脉椴	锦葵科 Malvaceae	235
229.	结香	瑞香科 Thymelaeaceae	236
230.	青菜	十字花科 Brassicaceae	237
231.	芸薹	十字花科 Brassicaceae	238
232.	荠	十字花科 Brassicaceae	239
233.	碎米荠	十字花科 Brassicaceae	240
234.	播娘蒿	十字花科 Brassicaceae	241
235.	小花糖芥	十字花科 Brassicaceae	242
236.	独行菜	十字花科 Brassicaceae	243
237.	北美独行菜	十字花科 Brassicaceae	244
238.	臭荠	十字花科 Brassicaceae	245
239.	诸葛菜	十字花科 Brassicaceae	246
240.	萝卜	十字花科 Brassicaceae	247
241.	涩芥	十字花科 Brassicaceae	248
242.	柽柳	柽柳科 Tamaricaceae	249
243.	萹蓄	蓼科 Polygonaceae	250
244.	齿果酸模	蓼科 Polygonaceae	251
245.	无心菜	石竹科 Caryophyllaceae	252
246.	球序卷耳	石竹科 Caryophyllaceae	253
247.	石竹	石竹科 Caryophyllaceae	254
248.	麦蓝菜	石竹科 Caryophyllaceae	255
249.	鹅肠菜	石竹科 Caryophyllaceae	256
250.	高雪轮	石竹科 Caryophyllaceae	257
251.	麦瓶草	石竹科 Caryophyllaceae	258
252.	繁缕	石竹科 Caryophyllaceae	259
253.	皱果苋	苋科 Amaranthaceae	260
254.	藜	苋科 Amaranthaceae	261
255.	藜麦	苋科 Amaranthaceae	262
256.	小藜	苋科 Amaranthaceae	263
257.	猪毛菜	苋科 Amaranthaceae	264
258.	垂序商陆	商陆科 Phytolaccaceae	265
259.	叶子花	紫茉莉科 Nyctaginaceae	266
260.	紫茉莉	紫茉莉科 Nyctaginaceae	267

261.	马齿苋 马齿苋科 Portulacaceae	268
262.	毛梾 山茱萸科 Cornaceae	269
263.	君迁子 柿科 Ebenaceae	270
264.	柿 柿科 Ebenaceae	271
265.	点地梅 报春花科 Primulaceae	272
266.	朱砂根 报春花科 Primulaceae	273
267.	山茶 山茶科 Theaceae	274
268.	杜仲 杜仲科 Eucommiaceae	275
269.	香果树 茜草科 Rubiaceae	276
270.	猪殃殃 茜草科 Rubiaceae	277
271.	鸡屎藤 茜草科 Rubiaceae	278
272.	茜草 茜草科 Rubiaceae	279
273.	罗布麻 夹竹桃科 Apocynaceae	280
274.	长春花 夹竹桃科 Apocynaceae	281
275.	地梢瓜 夹竹桃科 Apocynaceae	282
276.	鹅绒藤 夹竹桃科 Apocynaceae	283
277.	萝藦 夹竹桃科 Apocynaceae	284
278.	夹竹桃 夹竹桃科 Apocynaceae	285
279.	杠柳 夹竹桃科 Apocynaceae	286
280.	多苞斑种草 紫草科 Boraginaceae	287
281.	田紫草 紫草科 Boraginaceae	288
282.	附地菜 紫草科 Boraginaceae	289
283.	打碗花 旋花科 Convolvulaceae	290
284.	旋花 旋花科 Convolvulaceae	291
285.	欧旋花 旋花科 Convolvulaceae	292
286.	田旋花 旋花科 Convolvulaceae	293
287.	菟丝子 旋花科 Convolvulaceae	294
288.	马蹄金 旋花科 Convolvulaceae	295
289.	牵牛 旋花科 Convolvulaceae	296
290.	曼陀罗 茄科 Solanaceae	297
291.	毛曼陀罗 茄科 Solanaceae	298
292.	枸杞 茄科 Solanaceae	299
293.	小酸浆 茄科 Solanaceae	300
294.	白英 茄科 Solanaceae	301
295.	龙葵 茄科 Solanaceae	302
296.	流苏树 木樨科 Oleaceae	303
297.	雪柳 木樨科 Oleaceae	304
298.	金钟花 木樨科 Oleaceae	305
299.	连翘 木樨科 Oleaceae	306

300. 白蜡树	木樨科 Oleaceae	307
301. 美国红梣	木樨科 Oleaceae	308
302. 湖北梣	木樨科 Oleaceae	309
303. 迎春花	木樨科 Oleaceae	310
304. 女贞	木樨科 Oleaceae	311
305. 金森女贞	木樨科 Oleaceae	312
306. 金叶女贞	木樨科 Oleaceae	313
307. 小叶女贞	木樨科 Oleaceae	314
308. 小蜡	木樨科 Oleaceae	315
309. 木樨	木樨科 Oleaceae	316
310. 毛紫丁香	木樨科 Oleaceae	317
311. 车前	车前科 Plantaginaceae	318
312. 婆婆纳	车前科 Plantaginaceae	319
313. 阿拉伯婆婆纳	车前科 Plantaginaceae	320
314. 直立婆婆纳	车前科 Plantaginaceae	321
315. 芝麻	芝麻科 Pedaliaceae	322
316. 厚萼凌霄	紫葳科 Bignoniaceae	323
317. 灰楸	紫葳科 Bignoniaceae	324
318. 楸	紫葳科 Bignoniaceae	325
319. 梓	紫葳科 Bignoniaceae	326
320. 臭牡丹	唇形科 Lamiaceae	327
321. 海州常山	唇形科 Lamiaceae	328
322. 细风轮菜	唇形科 Lamiaceae	329
323. 夏至草	唇形科 Lamiaceae	330
324. 宝盖草	唇形科 Lamiaceae	331
325. 薄荷	唇形科 Lamiaceae	332
326. 丹参	唇形科 Lamiaceae	333
327. 荔枝草	唇形科 Lamiaceae	334
328. 黄荆	唇形科 Lamiaceae	335
329. 通泉草	通泉草科 Mazaceae	336
330. 地黄	列当科 Orobanchaceae	337
331. 枸骨	冬青科 Aquifoliaceae	338
332. 黄花蒿	菊科 Asteraceae	339
333. 牛尾蒿	菊科 Asteraceae	340
334. 婆婆针	菊科 Asteraceae	341
335. 菊花	菊科 Asteraceae	342
336. 野菊	菊科 Asteraceae	343
337. 刺儿菜	菊科 Asteraceae	344
338. 大花金鸡菊	菊科 Asteraceae	345

339. 矢车菊　菊科 Asteraceae..346
340. 鳢肠　菊科 Asteraceae..347
341. 香丝草　菊科 Asteraceae..348
342. 小蓬草　菊科 Asteraceae..349
343. 一年蓬　菊科 Asteraceae..350
344. 菊芋　菊科 Asteraceae..351
345. 泥胡菜　菊科 Asteraceae..352
346. 旋覆花　菊科 Asteraceae..353
347. 中华苦荬菜　菊科 Asteraceae..354
348. 野莴苣　菊科 Asteraceae..355
349. 苦苣菜　菊科 Asteraceae..356
350. 续断菊　菊科 Asteraceae..357
351. 长裂苦苣菜　菊科 Asteraceae..358
352. 钻叶紫菀　菊科 Asteraceae..359
353. 万寿菊　菊科 Asteraceae..360
354. 蒲公英　菊科 Asteraceae..361
355. 药用蒲公英　菊科 Asteraceae..362
356. 苍耳　菊科 Asteraceae..363
357. 黄鹌菜　菊科 Asteraceae..364
358. 异叶黄鹌菜　菊科 Asteraceae..365
359. 粉团　五福花科 Adoxaceae...366
360. 琼花　五福花科 Adoxaceae...367
361. 皱叶荚蒾　五福花科 Adoxaceae...368
362. 日本珊瑚树　五福花科 Adoxaceae...369
363. 蝟实　忍冬科 Caprifoliaceae..370
364. 忍冬　忍冬科 Caprifoliaceae..371
365. 金银忍冬　忍冬科 Caprifoliaceae..372
366. 郁香忍冬　忍冬科 Caprifoliaceae..373
367. 锦带花　忍冬科 Caprifoliaceae..374
368. 海桐　海桐科 Pittosporaceae..375
369. 刺楸　五加科 Araliaceae..376
370. 芫荽　伞形科 Apiaceae..377
371. 胡萝卜　伞形科 Apiaceae..378

附录Ⅰ 学名（拉丁名）索引..379
附录Ⅱ 中文名索引..386

壹

蕨类植物
Pteridophyta

01.

犬问荆 *Equisetum palustre* L.

木贼科 Equisetaceae　　木贼属 *Equisetum* L.

物种特征：中小型蕨类。根茎直立或横走，黑棕色，节和根光滑或具黄棕色长毛。枝一型，高 20～50 厘米，节间长 2～4 厘米，绿色，但下部 1～2 节节间黑棕色，无光泽，常在基部呈丛生状；主枝有脊 4～7 条，脊的背部弧形，光滑或有小横纹；侧枝较粗，长达 20 厘米，圆柱状至扁平状。鞘齿披针形，薄革质，灰绿色，宿存。孢子囊穗椭圆形或圆柱状，顶端钝，成熟时柄伸长。

利用价值：入药用于风湿性关节炎、痛风、动脉粥样硬化、清热消炎、止血。
校园分布：校园常见杂草，成片生长或散生。

花语：守望春天，希望永在。

贰

裸子植物
Gymnospermae

02.

苏铁 *Cycas revoluta* Thunb.
苏铁科 Cycadaceae　　苏铁属 *Cycas* L.

物种特征：树干高约2米，圆柱形似有明显螺旋状排列的菱形叶柄残痕。羽状叶生茎顶；叶轴两侧有齿状刺，水平或略斜上伸展；羽状裂片达100对以上，条形，向上斜展，微成"V"字形，边缘显著地向下反卷，两侧有疏柔毛或无毛。小孢子叶球卵状圆柱形；小孢子叶窄楔形，先端圆状截形，具短尖头；大孢子叶密被灰黄色绒毛，边缘深裂，裂片每侧10～17；胚珠4～6，密被淡褐色绒毛。种子红褐色或橘红色，密生灰黄色短绒毛，后渐脱落。花期6～7月，种子10月成熟。

利用价值：优美的观赏树种。

校园分布：金明校区地理与环境学院及生命科学学院楼前盆栽。

一片虚空亘古今，鳞龙头角竟疏亲。坐亡立脱知多少，铁树花开别是春。

03.

银杏 *Ginkgo biloba* L.
银杏科 Ginkgoaceae　　银杏属 *Ginkgo* L.

物种特征：落叶乔木。叶有长柄，在长枝上螺旋状散生，在短枝上簇生状；叶片扇形，具叉状脉，上缘浅波状，有时中央浅裂或深裂。雌雄异株，稀同株。雄球花成葇荑花序状，雄蕊多数，各有2花药；雌球花有长梗，梗端2叉，叉端各生1珠座、1胚珠。种子核果状，椭圆形至近球形；外种皮肉质，有白粉，熟时淡黄色或橙黄色；中种皮骨质，白色，具2～3棱；内种皮膜质；胚乳丰富。花期3～4月，种子9～10月成熟。

利用价值：秋叶金黄，可供观赏；种仁为优良的干果；叶、种子可药用；木材优良。
校园分布：校园常见。如，金明校区校西门内广场南北两侧，商学院门前，药学院以南林中等处。

　　等闲日月任西东，不管霜风著鬓蓬。满地翻黄银杏叶，忽惊天地告成功。
　　　　　　　　　　　　　　　——宋·葛绍体《晨兴书所见》

04.

铺地柏 *Juniperus procumbens* (Siebold ex Endl.) Miq.

柏科 Cupressaceae　　刺柏属 *Juniperus* L.

物种特征： 匍匐灌木，高达 75 厘米。枝条延地面扩展，褐色，密生小枝，枝梢及小枝向上斜展。刺形叶三叶交叉轮生，条状披针形，先端渐尖成角质锐尖头，长 6～8 毫米，上面凹，有两条白粉气孔带，气孔带常在上部汇合；绿色中脉仅下部明显，不达叶之先端，下面凸起，蓝绿色；沿中脉有细纵槽。球果近球形，被白粉，成熟时黑色，径 8～9 毫米，有 2～3 粒种子。种子长约 4 毫米，有棱脊。

利用价值： 因其树姿优美，多用作景观树。

校园分布： 金明校区图书馆以南湖北岸。

花语：具吉祥如意之寓意。

05.

龙柏 *Juniperus chinensis* 'Kaizuka'
柏科 Cupressaceae　　刺柏属 *Juniperus* L.

物种特征：常绿乔木。树冠圆柱状或柱状塔形。树皮灰褐色，纵裂，成条片开裂。枝条向上直展，常有扭转上升之势，小枝近圆柱形或近四棱形，通常直或稍成弧状弯曲，在枝端成几相等长之密簇。鳞叶排列紧密，幼嫩时淡黄绿色，后呈翠绿色。球果蓝色，近圆球形，微被白粉，径6～8毫米，两年成熟，熟时暗褐色，被白粉或白粉脱落，有1～4粒种子。种子卵圆形。与北美圆柏主要区别在于，后者枝条直立或向外伸展，鳞形叶深绿色，排列疏松，球果熟时褐色，种子1～2粒。

利用价值：树姿优美，多用作景观树。

校园分布：校园常见，自然生长或修剪为绿篱。如，金明校区行政楼东中州路段人行道外侧。

未若凌云柏，常能终岁红。晨霞与落日，相照在岩中。

——唐·李德裕《春暮思平泉杂咏二十首·柏》

06.

北美圆柏 *Juniperus virginiana* L.
柏科 Cupressaceae　　刺柏属 *Juniperus* L.

物种特征： 乔木。树皮红褐色，裂成长条片脱落。枝条直立或向外伸展，形成柱状圆锥形或圆锥形树冠。鳞叶排列较疏；刺叶出现在幼树或大树上，上面凹，被白粉。雌雄球花常生于不同的植株之上，雄球花通常有6对雄蕊。球果当年成熟，近圆球形或卵圆形，蓝绿色，被白粉。种子1～2粒，卵圆形，有树脂槽，熟时褐色。与龙柏主要区别在于，后者枝条向上直展，常有扭转上升之势，鳞叶排列紧密，幼嫩时淡黄绿色，球果熟时暗褐色，种子1～4粒。

利用价值： 因其树姿优美，多用作绿化。
校园分布： 校园常见。如，金明校区图书馆大门两侧，化学化工学院以南中州路（环路）南侧等处。

> 吴王池馆遍重城，奇草幽花不记名。青盖一归无觅处，只留双桧待升平。
> ———宋·苏轼《王复秀才所居双桧二首·其一》

贰·裸子植物

07.

千头柏 *Platycladus orientalis* 'Sieboldii'
柏科 Cupressaceae　　侧柏属 *Platycladus* Spach

物种特征：常绿丛生灌木，无主干，树冠卵圆形或球形。枝密，上伸；小枝扁平，排列成1个平面。叶小，绿色，鳞片状，紧贴小枝上，呈交叉对生排列；叶背中部具腺槽。雌雄同株，花单性；雄球花黄色，由交互对生的小孢子叶组成，每个小孢子叶生有3个花粉囊，珠鳞和苞鳞完全愈合。球果当年成熟，种鳞木质化，开裂。种子不具翅或有棱脊。花期3～4月，球果10月成熟。

利用价值：阳坡造林树种，庭园绿化树种；木材可供建筑和家具等用材；叶和枝可入药。

校园分布：位于金明校区图书馆南侧湖西岸。

郁郁金舒柳，青青黛染槐。繁阴庭侧柏，碎绿井中苔。
——宋·孔平仲《再赋·郁郁金舒柳》

08.

水杉 *Metasequoia glyptostroboides* Hu & W. C. Cheng
柏科 Cupressaceae　　水杉属 *Metasequoia* Hu & W. C. Cheng

物种特征：乔木，树干基部常膨大。幼树裂成薄片脱落，大树裂成长条状脱落，内皮淡紫褐色。枝斜展，小枝下垂。叶条形，色淡，在侧生小枝上排成二列，羽状，冬季与枝一同脱落。雌雄同株，雄球花单生叶腋或枝顶；雌球花单生于去年生枝顶或近枝顶，珠鳞交互对生，每可育珠鳞胚珠5～9。球果下垂，熟时深褐色。种鳞木质，种子扁平，周围具翅，子叶2枚。花期2月下旬，球果11月成熟。

利用价值：著名的庭园树种；供房屋建筑、板料、电杆、家具及木纤维工业原料等用。

校园分布：金明校区九章路北段行道树（与池杉混植），雪垠湖周围。

花语：积极向上，同时象征着生命顽强。

09.

池杉 *Taxodium distichum* (L.) Rich. var. *imbricatum* (Nutt.) Croom
柏科 Cupressaceae　　落羽杉属 *Taxodium* Rich.

物种特征：落叶乔木，在原产地高达 25 米。树干基部膨大，通常有屈膝状的呼吸根；树皮褐色，纵裂，成长条片脱落。当年生小枝绿色，细长，通常微向下弯垂；二年生小枝呈褐红色。叶钻形，微内曲，在枝上螺旋状伸展，下部通常贴近小枝，基部下延，向上渐窄，先端有渐尖的锐尖头。雌雄同株，球果圆球形，梗短，向下斜垂，熟时褐黄色；种鳞木质。种子不规则三角形，微扁，红褐色，边缘有锐脊。花期 3～4 月，球果 10 月成熟。

利用价值：重要的造树和园林树种；耐腐蚀，是造船与建筑的常用材料。

校园分布：金明校区九章路北段行道树（与水杉混植）。

花语：坚韧不拔，刚直不阿。

10.

雪松 *Cedrus deodara* (Roxb.) G. Don
松科 Pinaceae　雪松属 *Cedrus* Trew

物种特征：乔木。树皮深灰色，裂成不规则的鳞状块片。枝平展，基部宿存芽鳞向外反曲。叶针形，短，簇生或单生。球花单性，雌雄同株，直立，单生短枝顶端。球果成熟前淡绿色，微有白粉，熟时红褐色；种鳞木质，宽大，排列紧密，腹面有2粒种子，鳞背密生短绒毛。种子近三角状，种翅宽大。花期10～11月，球果次年10月成熟。

利用价值：普遍栽培的庭园树；可用于建筑、桥梁、造船、家具及器具等。

校园分布：金明校区学校北门以内行道树，学校西门两侧多株。

几处随流水，河边乱暮空。只应松自立，而不与君同。
——唐·修睦《落叶》

11.

白皮松 *Pinus bungeana* Zucc. ex Endl.
松科 Pinaceae　　松属 *Pinus* L.

物种特征： 乔木，有明显的主干，或从树干近基部分成数干。树皮片状脱落，脱落后近光滑，色彩斑驳。枝较细长，斜展，针叶3针一束。雄球花多数，聚生于新枝基部成穗状。球果通常单生，初直立，后下垂，初时淡绿色，熟时淡黄褐色；鳞脐顶端刺之尖头向下反曲。种子灰褐色，种翅短，赤褐色，有关节易脱落。花期4～5月，球果第二年10～11月成熟。以其"基部常多干树皮片状脱落，色彩多样；3针1束；鳞脐顶端尖头向下反曲"等特征而易于识别。

利用价值： 优良的庭园树种；可供房屋建筑、家具、文具等用材；种子可食。

校园分布： 位于金明校区教育学部楼东南角及图书馆东侧路东。

凛然相对敢相欺，直干凌空未要奇。根到九泉无曲处，世间惟有蛰龙知。
———宋·苏轼《王复秀才所居双桧二首·其二》

12.

黑松 *Pinus thunbergii* **Parl.**
松科 Pinaceae   松属 *Pinus* L.

物种特征：乔木，枝条开展。幼树树皮暗灰色，老则灰黑色，粗厚，裂成块片脱落。冬芽银白色，边缘白色丝状。针叶2针一束，深绿色，有光泽，粗硬，边缘有细锯齿，树脂道中生。雄球花聚生于新枝下部；雌球花单生或聚生于新枝近顶端，直立，有梗。球果熟时褐色，有短梗，向下弯垂；中部种鳞横脊显著，鳞脐微凹，有短刺。种子种翅灰褐色，具深色条纹，子叶5～10。花期4～5月，种子第二年10月成熟。与油松的主要区别在于，后者冬芽红褐色，叶中树脂道边生，鳞脐凸起有尖刺。

利用价值：木材富含树脂，纹理直，可作建筑、器具、板料及薪炭等用材。

校园分布：位于金明校区药学院以南林中。

花语：象征着健康、长寿、安居。

13.

马尾松 *Pinus massoniana* Lamb.
松科 Pinaceae　松属 *Pinus* L.

物种特征：乔木，高达40米。树皮裂成不规则的鳞状块片。枝条每年生长1轮，稀2轮。针叶2针一束，细柔，下垂或微下垂，两面有气孔线，边缘有细齿，树脂道4～7，边生。球果有短柄，熟时栗褐色，种鳞张开；鳞脐微凹，无刺，稀生于干燥环境时有极短的刺。种子卵圆形。花期4～5月，球果第二年10～12月成熟。以其"针叶长，有时3针1束，细柔，下垂或微下垂，鳞脐微凹，无刺，球果成熟后很快陆续脱落"易与黑松、油松相区别。

利用价值：供建筑、家具及木纤维工业原料等用；树干可割取松脂，为医药、化工原料。
校园分布：位于金明校区行政楼东侧对应的中州路东侧林中。

郁郁涧底松，离离山上苗。以彼径寸茎，荫此百尺条。
——晋·左思《咏史·其二》

14.

湿地松 *Pinus elliottii* Engelm.
松科 Pinaceae　　松属 *Pinus* L.

物种特征：乔木，高可达30米。树皮纵裂成鳞状块片剥落。枝条每年生长3～4轮，小枝粗壮，鳞叶宿存。针叶2～3针一束并存，刚硬，深绿色，树脂道2～9（～11）个，多内生。球果有梗，成熟后至第二年夏季脱落。种鳞的鳞盾近斜方形，肥厚，有锐横脊，鳞脐瘤状，先端急尖，直伸或微向上弯。种子黑色，具灰色斑点，种翅易脱落。以其"小枝粗壮，枝上鳞叶多年宿存，2～3针一束并存，树脂道内生，叶鞘长，鳞脐瘤状；种子黑色，具灰色斑点"易于识别。

利用价值：造林树种。

校园分布：位于金明校区行政楼东侧对应的中州路东侧林中。

松柏本孤直，难为桃李颜。昭昭严子陵，垂钓沧波间。
———唐·李白《古风·其十二》

15.

油松 *Pinus tabuliformis* Carrière
松科 Pinaceae　松属 *Pinus* L.

物种特征：常绿乔木。树皮灰褐色或褐灰色，裂成不规则较厚的鳞状块片，裂缝及上部树皮红褐色。枝条平展或微向下伸，树冠近平顶状。冬芽红褐色。针叶2针一束，粗硬；树脂道约10个，边生。雄球花在新枝下部聚生成穗状。球果成熟后宿存，淡褐黄色；种鳞的鳞盾肥厚，横脊显著，鳞脐凸起有尖刺。种子淡褐色，具斑纹，子叶8～12。花期4～5月，球果第二年10月成熟。与黑松主要区别在于，后者冬芽银白色，叶中树脂道中生，鳞脐微凹有尖刺。

利用价值：树干可割取树脂，提取松节油；树皮可提取栲胶。

校园分布：位于金明校区行政楼东侧对应的中州路东侧林中，计算机与信息工程学院北侧林中。

亭亭山上松，瑟瑟谷中风。风声一何盛，松枝一何劲。
——东汉·刘桢《赠从弟》

被子植物
Angiospermae

16.

白睡莲 *Nymphaea alba* L.

睡莲科 Nymphaeaceae　　睡莲属 *Nymphaea* L.

物种特征： 多年生水生草本。根状茎匍匐。叶纸质，近圆形，直径10～25厘米，基部具深弯缺，裂片尖锐，近平行或开展，全缘或波状，两面无毛，有小点。花直径10～20厘米，芳香；花梗和叶柄近等长；萼片披针形，脱落或花期后腐烂；花瓣20～25，白色，卵状矩圆形，外轮比萼片稍长；花托圆柱形；花药先端不延长，花粉粒皱缩，具乳突；柱头具14～20辐射线，扁平。浆果扁平至半球形，种子椭圆形。花期6～8月，果期8～10月。

利用价值： 花供观赏，根状茎可食。

校园分布： 位于金明校区中州路（环路）西南角以内池塘，地理与环境学院以南湖中。

素月开歌扇，红渠艳舞衣。隔江闻笑语，隐隐棹歌归。

———明·常伦《采莲曲（三首）》

17.

北马兜铃 *Aristolochia contorta* Bunge

马兜铃科 Aristolochiaceae　　马兜铃属 *Aristolochia* L.

物种特征：草质藤本。茎无毛，干后有纵槽纹。叶纸质，卵状心形或三角状心形，两面均无毛。总状花序有花2～8朵或有时仅一朵生于叶腋；花被基部膨大呈球形，向上收狭呈一长管，管口扩大呈漏斗状，檐部一侧极短，有时边缘下翻或稍二裂，另一侧渐扩大成舌片，舌片卵状披针形，顶端长渐尖。蒴果宽倒卵形或椭圆状倒卵形，顶端圆形而微凹，成熟时黄绿色，由基部向上6瓣开裂；果梗下垂，随果开裂；种子三角状心形，灰褐色，扁平，具小疣点，具浅褐色膜质翅。花期5～7月，果期8～10月。

利用价值：本种药用，有行气治血、止痛、利尿、清热降气、止咳平喘之效。
校园分布：金明校区药学院以南林中草地偶见。

　　　自从益智登山盟，王不留行送出城。路上相逢三棱子，途中催趱马兜铃。
　　　　　　　　　　　　　　　　　　　　　　　———明·吴承恩《药名诗》

18.

杂交鹅掌楸 *Liriodendron × sinoamericanum* P.C. Yieh ex C.B. Shang & Zhang R. Wang
木兰科 Magnoliaceae   鹅掌楸属 *Liriodendron* L.

物种特征： 落叶乔木，高达 40 米，胸径可达 1 米以上。树皮褐色，浅纵裂，小枝紫褐色。叶马褂状，先端略凹，叶片两侧裂片 1～2 对。花杯状，花被片 9，外轮 3 片绿色，萼片状，向外弯垂，内两轮 6 片，直立，花瓣状，倒卵形，黄色，具黄色纵条纹，花期时雌蕊群超出花被之上，心皮黄绿色。聚合果纺锤状，由多个顶端长翅的小坚果组成。花期 5 月，果期 9～10 月。此种由鹅掌楸 [*L. chinense* (Hemsl.) Sarg.] 与北美鹅掌楸（*L. tulipifera* L.）杂交而来。

利用价值： 建筑、造船、家具、细木工的优良用材；叶和树皮入药。

校园分布： 位于金明校区生命科学学院楼梯两侧。

花语：承诺、信用。

19. 荷花玉兰 *Magnolia grandiflora* L.

木兰科 Magnoliaceae　　北美木兰属 *Magnolia* Plum. ex L.

物种特征：常绿乔木，在原产地高达 30 米。树皮淡褐色或灰色，薄鳞片状开裂。小枝粗壮，具横隔的髓心；小枝、芽、叶柄及叶背均密被褐色或灰褐色短绒毛（幼树的叶背无毛）。叶厚革质，椭圆形，长圆状椭圆形或倒卵状椭圆形。花白色，有芳香；花被片 9～12，厚肉质，倒卵形；雄蕊花丝扁平，紫色，花药内向；雌蕊群椭圆体形，密被长绒毛；心皮卵形，花柱呈卷曲状。聚合果圆柱状长圆形或卵圆形，密被褐色或淡灰黄色绒毛；蓇葖背裂。种子近卵圆形或卵形，外种皮红色。花期 5～6 月，果期 9～10 月。

利用价值：花大，白色，状如荷花，芳香，为美丽的庭园绿化观赏树种；叶入药治高血压。

校园分布：校园常见。如，金明校区软件学院东侧和南侧行道树，行政楼周边等处。

花语：美丽高洁。

20.

宝华玉兰 *Yulania zenii* (W. C. Cheng) D. L. Fu

木兰科 Magnoliaceae　玉兰属 *Yulania* Spach

物种特征：落叶乔木，高达 11 米。叶倒卵状长圆形或长圆形；托叶痕长为叶柄 1/5～1/2。花单生枝顶，花梗长 2～4 毫米，密被白长毛；花被片 9，近匙形，内面白色，外面中下部淡紫红色；雄蕊多数，花丝紫色，花药内侧向开裂；雌蕊群圆柱形，长约 2 厘米。聚合果圆柱形，成熟蓇葖近球形，被疣点状凸起。花期 3～4 月，果期 8～9 月。与玉兰主要区别在于，后者小枝较粗壮，花被片长圆状倒卵形，三轮花被片近等大，只在其外面基部呈粉红色。

利用价值：花芳香艳丽，为优美的庭园观赏树种。

校园分布：位于金明校区物理与电子学院北侧林中，药学院以南林中，下沉广场与软件学院之间林中。

万玉林中送艳香，纤腰束素舞霓裳。何年移得蓝田色，春在朱门十二廊。
———明·欧大任《徐氏东园玉兰花》

21.

玉兰 *Yulania denudata* (Desr.) D. L. Fu
木兰科 Magnoliaceae　玉兰属 *Yulania* Spach

物种特征：落叶乔木。小枝灰褐色，冬芽及花梗密被淡灰黄色长绢毛。叶纸质，倒卵形，叶柄具狭纵沟。花蕾卵圆形，直立，芳香；花被片9，白色，基部常带粉红色，长圆状倒卵形；雄蕊侧向开裂，雌蕊狭卵形，无毛，具锥尖花柱。聚合果圆柱形。种子心形，侧扁，外种皮红色，内种皮黑色。花期2～3月，果期8～9月。图a、b、c为玉兰，d为该种下一品种飞黄玉兰（*Y. denudata* 'Fei Huang'），其主要区别为其花被片黄色至淡黄色。与宝花玉兰主要区别在于，后者小枝稍细，花被片近匙形，外面中部以下呈淡紫红色，最内轮花被片更窄，常直立。

利用价值：常见庭园观赏树种；材质优良，供家具、细木工等用；花蕾入药同"辛夷"功效。

校园分布：二者均见于金明校区药学院以南林中，玉兰在软件学院以南文甫路南林中等处也有分布。

翠条多力引风长，点破银花玉雪香。韵友自知人意好，隔帘轻解白霓裳。

——明·沈周《题玉兰》

22.

二乔玉兰 *Yulania × soulangeana* (Soul.-Bod.) D. L. Fu

木兰科 Magnoliaceae 玉兰属 *Yulania* Spach

物种特征：小乔木，高 6～10 米。小枝无毛。叶纸质，倒卵形，先端短急尖，2/3 以下渐狭成楔形，上面基部中脉常残留有毛，下面多少被柔毛。花蕾卵圆形，花先叶开放，浅红色至深红色；花被片 6～9，外轮 3 片花被片常较短约为内轮长的 2/3。聚合果蓇葖卵圆形或倒卵圆形，长 1～1.5 厘米，熟时黑色，具白色皮孔。种子深褐色，宽倒卵圆形或倒卵圆形，侧扁。花期 2～3 月，有时 6～8 月再开一批，果期 9～10 月。与紫玉兰主要区别在于，后者外轮花被片呈萼片状。

利用价值：著名观赏树木，国内外庭园中均常见栽培。

校园分布：位于金明校区药学院以南林中，物理与电子学院以北林中等处。

> 香销玉树更生春，不见当年种玉人。莫道有情非草木，半垂未展似伤神。
> ———明·皇甫汸《子浚庭中玉兰盛开感赋》

23.

紫玉兰 *Yulania liliiflora* (Desr.) D. C. Fu

木兰科 Magnoliaceae　　玉兰属 *Yulania* Spach

物种特征：落叶灌木或小乔木，高达 3 米，树皮灰褐色。小枝绿紫色或淡褐紫色。叶椭圆状倒卵形或倒卵形，基部渐狭沿叶柄下延至托叶痕，托叶痕约为叶柄长之半。花叶同时开放，瓶形，直立于粗壮、被毛的花梗上，稍有香气；花被片 9～12，外轮 3 片萼片状，紫绿色，内两轮外面紫色或紫红色，内面带白色，花瓣状，椭圆状倒卵形；雄蕊紫红色，花药侧向开裂；雌蕊群长约 1.5 厘米，淡紫色，无毛。花期 3～4 月，果期 8～9 月。与二乔玉兰主要区别在于，后者外轮 3 片花被片常较短，约为内轮长的 2/3。

利用价值：花色艳丽，可供观赏；树皮、叶、花蕾均可入药。

校园分布：位于金明校区图书馆东北角 2 株，药学院以南林中几株。

绰约新妆玉有辉，素娥千队雪成围。我知姑射真仙子，天遣霓裳试羽衣。

———明·文徵明《玉兰》

24.

望春玉兰 *Yulania biondii* (Pamp.) D. L. Fu
木兰科 Magnoliaceae　　玉兰属 *Yulania* Spach

物种特征：落叶乔木。树皮淡灰色，光滑。小枝细长，灰绿色，无毛。叶椭圆状披针形。花先叶开放，有芳香；花梗顶端膨大；花被9，外轮3片紫红色，近狭倒卵状条形，中内两轮近匙形，白色，外面基部常紫红色。聚合果圆柱形；蓇葖浅褐色，近圆形，侧扁，具凸起瘤点。花期3月，果熟期9月。

利用价值：优良的庭园绿化树种；花可提出浸膏作香精；花蕾为中药辛夷的正品。

校园分布：校园常见。如，金明校区软件学院门前路南，药学院以南林中等处。

霓裳片片晚妆新，束素亭亭玉殿春。已向丹霞生浅晕，故将清露作芳尘。
　　　　　　　　　　　　——明·睦石《玉兰》

25.

蜡梅 *Chimonanthus praecox* (L.) Link
蜡梅科 Calycanthaceae　　蜡梅属 *Chimonanthus* Lindl.

物种特征：落叶小乔木或灌木状。鳞芽被短柔毛。叶纸质，卵圆形、椭圆形、宽椭圆形或椭圆形，长5～29厘米，先端尖或渐尖，稀尾尖，下面脉疏被微毛。花径2～4厘米，花被片15～21枚，蜡黄色，无毛，内花被片较短，基部具爪；雄蕊5～7枚，花丝较花药长或近等长，花药内弯，无毛。果托近木质化，坛状或倒卵状椭圆形，口部收缩，具附属物。花期11月至翌年3月，果期4～11月。

利用价值：花芳香美丽，是园林绿化植物；根、叶可药用，有理气止痛、散寒解毒等功效。

校园分布：位于金明校区教育学部东南角林中。

竹影和诗瘦，梅花入梦香。可怜今夜月，不肯下西厢。

——元·王庭筠《绝句》

26.

山胡椒 *Lindera glauca* (Siebold et Zucc.) Blume
樟科 Lauraceae　　山胡椒属 *Lindera* Thunb.

物种特征：落叶灌木或小乔木。树皮平滑，灰色或灰白色。叶互生，宽椭圆形或倒卵形，上面深绿色，下面淡绿色，被白色柔毛，纸质；叶枯后不落，翌年新叶发出时落下。伞形花序腋生，总梗短或不明显，生于混合芽中的总苞片绿色膜质，每总苞有3～8花；雄花花被片黄色，椭圆形，内、外轮几相等；雌花花被片黄色，椭圆或倒卵形，内、外轮几相等，退化雄蕊条形，第三轮的基部着生2个腺体；子房椭圆形，柱头盘状；花梗长3～6毫米，熟时黑褐色。果球形，黑褐色。花期3～4月，果期7～8月。

利用价值：木材可作家具；叶、果皮可提芳香油；种仁油含月桂酸，可作肥皂和润滑油。

校园分布：位于金明校区药学院以南林中3小株。

> 粉落椒飞知几春，风吹雨洒旋成尘。莫言一片危基在，犹过无穷来往人。
> ——唐·刘禹锡《故洛城古墙》

27.

龟背竹 *Monstera deliciosa* Liebm.

天南星科 Araceae　龟背竹属 *Monstera* Adans.

物种特征：攀援灌木，茎粗壮，绿色。叶痕半月形环状，节间长 6～7 厘米；叶片心状卵形，宽 40～60 厘米，厚革质，下面绿白色，边缘羽状分裂，侧脉间有 1～2 孔洞，侧脉 8～10 对，网脉不明显；叶柄绿色，下面扁平，上面钝圆，边缘锐尖，基部对折抱茎，两侧叶鞘宽。花序梗绿色，粗糙；佛焰苞厚革质，宽卵形，舟状，近直立，先端具喙，苍白带黄色；肉穗花序近圆柱形，淡黄色；雄蕊花丝线形，花粉黄白色；雌蕊陀螺状，柱头线形，黄色。

利用价值：多引种栽培供观赏；果序味美可食。

校园分布：金明校区生命科学学院盆栽。

花语：象征着健康长寿。

28. 广东万年青 *Aglaonema modestum* Schott ex Engl.

天南星科 Araceae　广东万年青属 *Aglaonema* Schott

物种特征： 多年生常绿草本。鳞叶草质，披针形，长渐尖，基部扩大抱茎；叶柄 1/2 以上具鞘；叶片深绿色，卵形或卵状披针形，先端渐尖，基部钝或宽楔形，I 级侧脉 4～5 对，上举，表面常下凹，背面隆起，II 级侧脉不显。花序梗纤细，佛焰苞长圆披针形，基部下延较长，先端长渐尖，肉穗花序长为佛焰苞的 2/3；雄蕊顶端常四方形，花药每室有 2 个圆形顶孔；雌蕊近球形，花柱短，柱头盘状。浆果绿色至黄红色，长圆形，柱头宿存。种子长圆形。花期 5 月，果 10～11 月成熟。

利用价值： 全株入药，可用全草敷治蛇咬伤、咽喉肿痛、疔疮肿毒。

校园分布： 金明校区生命科学学院盆栽。

> 葱葱郁郁总年青，恋土扎根喜盆生。不靠红嫣招宠爱，全凭本色获芳名。
> ——习吉《万年青》

29.

鸢尾 *Iris tectorum* Maxim.

鸢尾科 Iridaceae　鸢尾属 *Iris* L.

物种特征：多年生草本。根状茎粗壮，二歧分枝，斜伸；须根较细而短。叶基生，黄绿色，稍弯曲，宽剑形，顶端渐尖或短渐尖，基部鞘状，有数条不明显的纵脉。花茎光滑，顶部常有1～2个短侧枝，中、下部有1～2枚茎生叶。苞片2～3枚，绿色，草质，边缘膜质，色淡，披针形或长卵圆形，内包含有1～2朵花；花蓝紫色，花被管细长，中脉上有不规则的鸡冠状附属物，成不整齐的繸状裂，花柱分枝扁平，蓝紫色。花期4～5月，果期6～8月。

利用价值：根状茎治跌打损伤、食积、肝炎等症；对氟化物敏感，可用以检测环境污染。

校园分布：位于金明校区综合教学楼2号楼以南湖东岸上小片生长。

轻盈婀娜蝶飞谭，绿草茵茵天湛蓝。神女花都鸢尾秀，圣灵皇室鸽翎涵。

——《鸢尾花》

30.

萱草 *Hemerocallis fulva* (L.) L.
阿福花科 Asphodelaceae　萱草属 *Hemerocallis* L.

物种特征： 多年生草本。根近肉质，中下部常纺纺锤状膨大。叶条形，长 40～80 厘米，宽 1.3～3.5 厘米。花葶粗壮，高 0.6～1 米；圆锥花序具 6～12 朵花或更多，苞片卵状披针形。花早上开晚上凋谢，无香味，橘红色至橘黄色，内花被裂片下部一般有倒"V"形彩斑。蒴果长圆形。花果期为 5～7 月。

利用价值： 在我国有悠久的栽培历史，可入药。

校园分布： 位于金明校区综合教学楼 2 号楼以南湖东岸上。

萱草生堂阶，游子行天涯。慈母倚堂门，不见萱草花。

———唐·孟郊《游子》

31.

薤白 *Allium macrostemon* Bunge

石蒜科 Amaryllidaceae　葱属 *Allium* L.

物种特征：草本。鳞茎近球状，基部常具小鳞茎；鳞茎外皮带黑色，纸质或膜质，不破裂，但在标本上多因脱落而仅存白色的内皮。叶3～5枚，半圆柱状，或因背部纵棱发达而为三棱状半圆柱形，中空，上面具沟槽，比花葶短。花葶圆柱状，高30～70厘米，1/4～1/3被叶鞘；总苞2裂，比花序短；小花梗近等长，比花被片长3～5倍，基部具小苞片；珠芽暗紫色，基部亦具小苞片；花淡紫色或淡红色。花果期5～7月。

利用价值：鳞茎作药用，也可作蔬菜食用。

校园分布：校园偶见成片生长。如，金明校区经济学院西北角草地上，九章路中央绿化带中。

九月十月屋瓦霜，家人共畏畦蔬黄．小罂大瓮盛涤濯，青菘绿韭谨蓄藏。

——宋·陆游《咸齑十韵》

32.

麦冬 *Ophiopogon japonicus* (L. f.) Ker Gawl.
天门冬科 Asparagaceae 沿阶草属 *Ophiopogon* Ker Gawl.

物种特征：多年生草本。根中等粗，中间或近末端常膨大成椭圆形或纺锤形的小块根。地下走茎细长，节上具膜质的鞘，地上茎很短。叶基生成丛，边缘具细锯齿。花葶长6～15（～27）厘米，总状花序长2～5厘米，具几朵至十几朵花；花梗长3～4毫米，关节位于中部以上或近中部；花被片常稍下垂而不展开，披针形，白色或淡紫色。花期5～8月，果期8～9月。与沿阶草主要区别在于，后者花序较长，小花较多，花被片内轮三片宽于外轮三片，花葶与叶近等长。

利用价值：具较高绿化价值；小块根入药，有生津解渴、润肺止咳之效。

校园分布：金明校区中州路（环路）西南角以内林中地被。

一枕清风直万钱，无人肯买北窗眠。开心暖胃门冬饮，知是东坡手自煎。
——宋·苏轼《睡起闻米元章冒热到东园送麦门冬饮子》

33.

沿阶草 *Ophiopogon bodinieri* H. Lév.
天门冬科 Asparagaceae 沿阶草属 *Ophiopogon* Ker Gawl.

物种特征： 多年生草本。根纤细，近末端处有时具膨大成纺锤形的小块根。地下走茎长，节上具膜质的鞘；地上茎很短。叶基生成丛，禾叶状，先端渐尖，具3～5条脉，边缘具细锯齿。总状花序长1～7厘米，具几朵至十几朵花；花常单生或2朵簇生于苞片腋内；花梗长5～8毫米，关节位于中部；花被片内轮三片宽于外轮三片，白色或稍带紫色；花丝很短。果实球形。花期6～8月，果期8～10月。与麦冬主要区别在于，后者花序较短，小花较疏，盛开时微下垂而不展开，花葶明显短于叶。

利用价值： 花色淡雅，可做观赏；块根和全株皆可入药。

校园分布： 校园常见地被，如，金明校区图书馆门前广场周围。

34.

凤尾丝兰 *Yucca gloriosa* L.

天门冬科 Asparagaceae　　丝兰属 *Yucca* L.

物种特征：常绿灌木，有明显的茎。叶剑形，坚硬挺直向上斜展，粉绿色，顶端长渐尖且具坚硬刺尖，边缘全缘或老时具白色丝状纤维。圆锥花序；花乳白色，下垂，钟形，花被片6枚，长圆形或卵状椭圆形，具突尖，雄蕊6枚。果椭圆状卵形，下垂，不开裂。花期9～10月。

利用价值：姿态优美，是良好的庭园观赏灌木，可布置在花坛中心、草坪中、池畔等地。

校园分布：校园偶见。如，金明校区综合教学楼以南路南绿化带中。

花语：盛开的希望。

35.

棕榈 *Trachycarpus fortune* (Hook.) H. Wendl.

棕榈科 Arecaceae   棕榈属 *Trachycarpus* H. Wendl.

物种特征：乔木。叶片近圆形，深裂成 30～50 片具皱折的线状剑形。花序粗壮，多次分枝，通常雌雄异株；雄花序长约 40 厘米，具有 2～3 个分枝花序；花无梗，黄绿色，卵球形，常 2～3 朵密集着生于小穗轴上；雌花序长 80～90 厘米，其上包有 3 个佛焰苞，具 4～5 个分枝花序；雌花淡绿色，无梗，球形，通常 2～3 朵聚生。果实阔肾形，成熟时由黄色变为淡蓝色，有白粉。花期 4 月，果期 12 月。

利用价值：树形优美，是庭院绿化优良树种；叶子可做蒲扇跟编织品；根可做药。

校园分布：校园常见。如，金明校区华苑学生公寓院内，7 号教学楼北侧园中等处。

碧玉轮张万叶阴，一皮一节笋抽金。胚成黄穗如鱼子，朵作珠花出树心。

——宋·董嗣杲《棕榈花》

36.

大花美人蕉 *Canna* × *generalis* L. H. Bailey & E. Z. Bailey
美人蕉科 Cannaceae   美人蕉属 *Canna* L.

物种特征：植株全部绿色，高可达1.5米。茎、叶和花序均被白粉。叶片椭圆形，长达40厘米，宽达20厘米，叶缘、叶鞘紫色。总状花序，花大，比较密集，每一苞片内有花2～1朵；外轮退化雄蕊3，倒卵状匙形，长5～10厘米，宽2～5厘米；唇瓣倒卵状匙形，长约4.5厘米；发育雄蕊披针形。蒴果绿色，长卵形，有软刺。花期秋季。

利用价值：绿化、美化、净化环境。

校园分布：位于金明校区药学院大门东侧。

红蕉花样炎方识，瘴水溪边色更深。叶满丛深殷似火，不惟烧眼更烧心。

——唐·李绅《红蕉花》

37.

水烛 *Typha angustifolia* L.
香蒲科 Typhaceae　　香蒲属 *Typha* L.

物种特征： 多年生，水生或沼生草本。根状茎乳黄色、灰黄色，先端白色；地上茎直立，粗壮。叶片上部扁平，中部以下腹面微凹，下部横切面呈半圆形，叶鞘抱茎。雄花序轴具褐色扁柔毛；叶状苞片1～3枚，花后脱落；雌花序长15～30厘米，通常比叶片宽，花后脱落；白色丝状毛着生于子房柄基部，并向上延伸，与小苞片近等长，均短于柱头。小坚果长椭圆形，具褐色斑点，纵裂。种子深褐色。花果期6～9月。

利用价值： 水生观赏植物；其干燥花粉即为中药蒲黄，具有止血、化瘀、通淋等功效。

校园分布： 位于金明校区特种功能材料重点实验室南侧湖中。

盘中插蒲莲，菱芡亦易求。闭门具樽俎，父子相献酬。

——宋·苏轼《和迟田舍杂诗九首·其五》

38. 扁秆荆三棱 *Bolboschoenus planiculmis* (F. Schmidt) T. V. Egorova

莎草科 Cyperaceae　　三棱草属 *Bolboschoenus* (Asch.) Palla

物种特征： 多年生草本植物，具匍匐根状茎和块茎。茎秆高可达 100 厘米，一般较细，三棱形，靠近花序部分粗糙，具秆生叶。叶片平张，向先端渐狭，具长鞘。苞片叶状，边缘粗糙；聚伞花序，小穗卵形或长圆状卵形，先端或多或少缺刻状撕裂，具芒。小坚果倒卵形，两面稍凹或稍凸。5～9 月开花结果。

利用价值： 水生观赏植物；块根可入药。

校园分布： 位于金明校区地理与环境学院南边湖中。

碧瘦三棱草，红鲜百叶桃。幽栖日无事，痛饮读离骚。

——唐·张祜《江南杂题》

39.

细叶薹草 *Carex duriuscula* C. A. Mey. subsp. *stenophylloides* (V. Krecz.) S. Y. Liang et Y. C. Tang

莎草科 Cyperaceae 薹草属 *Carex* L.

物种特征：多年生草本，根状茎细长、匍匐。秆纤细，平滑。基部叶鞘灰褐色，细裂成纤维状；叶短于秆，内卷，边缘稍粗糙。苞片鳞片状；穗状花序卵形或球形；小穗3～6，卵形，密生，雄雌顺序，具少数花；雌花鳞片宽卵形或椭圆形，锈褐色，边缘及顶端为白色膜质，顶端锐尖，具短尖；花柱基部膨大，柱头2。果囊较大，卵形或卵状椭圆形，顶端渐狭成较长的喙；小坚果近圆形或宽椭圆形，长1.5～2毫米，宽1.5～1.7毫米。花果期4～6月。

利用价值：早春家畜最先采食的返青草之一。

校园分布：校园偶见成片。如，金明校区作物逆境适应与改良国家重点实验室实验田西围栏外草地等。

40.

香附子 *Cyperus rotundus* L.
莎草科 Cyperaceae   莎草属 *Cyperus* L.

物种特征：多年生草本，匍匐根状茎长，具椭圆形块茎。秆稍细弱，锐三棱形，平滑，基部呈块茎状。叶较多，短于秆，平张；鞘棕色，常裂成纤维状。叶状苞片2～3，常长于花序，或有时短于花序；穗状花序轮廓为陀螺形，稍疏松，小穗3～10，斜展，线形，具8～28花；小穗轴具较宽的、白色透明的翅；鳞片稍密地覆瓦状排列，膜质，卵形或长圆状卵形，顶端急尖或钝，无短尖，中间绿色，两侧紫红色或红棕色，具5～7条脉。小坚果长圆状倒卵形，三棱形，具细点。花果期5～11月。

利用价值：其块茎名为香附子，可供药用，除能作健胃药外，还可以治疗妇科各症。

校园分布：校园常见杂草。

雀头香可达封函，香附连根未许芟。气病总司权实重，女客主帅品非凡。
——清·赵瑾叔《本草诗·香附》

41.

水葱 *Schoenoplectus tabernaemontani* (C. C. Gmelin) Palla

莎草科 Cyperaceae　水葱属 *Schoenoplectus* (Rchb.) Palla

物种特征： 多年生水生草本。秆圆柱状，高1～2米，平滑，基部叶鞘3～4，膜质，最上部叶鞘具叶片。苞片1，为秆的延长，直立，钻状，常短于花序，稀稍长于花序。长侧枝聚伞花序简单或复出，具4～13或更多个辐射枝；小穗单生或2～3簇生辐射枝顶端，卵形或长圆形，多花；鳞片膜质，长约3毫米，棕或紫褐色，边缘具缘毛；下位刚毛6，等长于小坚果，红棕色，有倒刺；雄蕊3，花药线形，药隔突出；花柱中等长，柱头2，罕3，长于花柱。小坚果倒卵形或椭圆形，双凸状，少有三棱形。花果期6～9月。

利用价值： 具有观赏作用，同时对污水中有机物、磷酸盐及重金属有较高的除去率。

校园分布： 位于金明校区地理与环境学院南边湖中。

山中人兮欲归，云冥冥兮雨霏霏。水惊波兮翠菅蘼，白鹭忽兮翻飞，君不可兮褰衣。
　　　　　　　　　　　　　——唐·王维《送友人归山歌二首·其二》

42.

芦竹 *Arundo donax* L.

禾本科 Poaceae　　芦竹属 *Arundo* L.

物种特征： 多年生草本，具发达根状茎。秆粗大直立，高3～6米，坚韧，具多数节，常生分枝。叶鞘长于节间，无毛或颈部具长柔毛；叶舌截平，先端具短纤毛；叶片扁平，上面与边缘微粗糙，基部白色，抱茎。圆锥花序极大型，分枝稠密，斜升；小穗长10～12毫米，含2～4小花，小穗轴节长约1毫米；外稃中脉延伸成1～2毫米之短芒，背面中部以下密生长柔毛，基盘两侧上部具短柔毛；内稃长约为外稃之半；雄蕊3。颖果细小，黑色。花果期9～12月。

利用价值： 纤维素含量高，是制优质纸浆和人造丝的原料。

校园分布： 位于金明校区中州路（环路）西北角以内林中。

花语：能传达爱的讯息。

43.

野燕麦 *Avena fatua* L.
禾本科 Poaceae　燕麦属 *Avena* L.

物种特征：一年生草本。秆直立，光滑无毛，具2～4节。叶鞘松弛，光滑或基部者被微毛；叶舌透明膜质；叶片扁平，微粗糙，或上面和边缘疏生柔毛。圆锥花序开展，金字塔形，分枝具棱角，粗糙；小穗含2～3小花，其柄弯曲下垂，顶端膨胀，小穗轴密生淡棕色或白色硬毛，其节脆硬易断落；颖草质；外稃质地坚硬，第一外稃背面中部以下具淡棕色或白色硬毛，芒自稃体中部稍下处伸出，膝曲，芒柱棕色，扭转。颖果被淡棕色柔毛，腹面具纵沟。花果期4～9月。

利用价值：为粮食的代用品及牛、马的青饲料，同时也是造纸原料。

校园分布：位于金明校区生命科学学院实验田周边有成片生长，校园草地少见散生或成小片生长。

野老忧时泪不干，海天低燕麦风寒。秦关土蚀铜牙弩，汉殿月明金井阑。

———明·郑昂《次复登华盖山》

44.

雀麦 *Bromus japonicus* Houtt.
禾本科 Poaceae   雀麦属 *Bromus* L.

物种特征：一年生草本，秆直立。叶鞘闭合，被柔毛；叶舌先端近圆形；叶片两面生柔毛。圆锥花序疏展，具2～8分枝，向下弯垂；分枝细，上部着生1～4枚小穗；小穗黄绿色，密生7～11小花；小穗轴短棒状，长约2毫米；颖近等长，脊粗糙，边缘膜质；外稃椭圆形，草质，边缘膜质，具9脉，微粗糙，顶端钝三角形，芒自先端下部伸出，基部稍扁平，成熟后外弯；内稃两脊疏生细纤毛；花药长1毫米。颖果长7～8毫米。花果期5～7月。

利用价值：全草入药，有止汗、催产之功效。

校园分布：校园常见杂草，成片生长或散生于向阳处。

花语：自然之美。

45.

虎尾草 *Chloris virgata* Sw.

禾本科 Poaceae 虎尾草属 *Chloris* Sw.

物种特征： 一年生草本。秆直立或基部膝曲，光滑无毛。叶鞘松散包秆，无毛；叶舌无毛或具纤毛；叶片线形，两面无毛或边缘及上面粗糙。秆顶穗状花序 5～10；小穗成熟后紫色，无柄；颖膜质，1 脉，第一颖长约 1.8 毫米，第二颖等长或略短于小穗，主脉延伸成 0.5～1 毫米小尖头；第一小花两性，外稃纸质，两侧压扁，内稃膜质，略短于外稃；第二小花不孕，仅存外稃，芒自背部边缘稍下方伸出。颖果淡黄色，纺锤形。花果期 6～10 月。

物种价值： 可作各种牲畜食用的牧草。

校园分布： 路边偶见。如，金明校区护理与健康学院西侧路边。

花语：坚定，刚毅。

46.

狗牙根 *Cynodon dactylon* (L.) Pers.

禾本科 Poaceae　狗牙根属 *Cynodon* Rich.

形态特征： 低矮草本，具根茎。秆细而坚韧，下部匍匐地面蔓延甚长，秆壁厚，光滑无毛，有时略两侧压扁。叶鞘微具脊，叶舌仅为一轮纤毛；叶片线形，通常两面无毛。穗状花序常3～5枚，长2～5(～6)厘米；小穗灰绿色或带紫色，仅含1小花；第一颖长1.5～2毫米，第二颖稍长，均具1脉，背部成脊而边缘膜质；外稃舟形，具3脉，背部明显成脊，脊上被柔毛；内稃与外稃近等长，具2脉；鳞被上缘近截平；花药淡紫色；子房无毛，柱头紫红色。颖果长圆柱形。5～10月开花结果。

利用价值： 可用于公园、庭院绿化；可作为家畜的饲料；根茎可入药。

校园分布： 路边和草地可见。

花语：漫向天际，不管聒噪。

47.

纤毛马唐 *Digitaria ciliaris* (Retz.) Koeler

禾本科 Poaceae　马唐属 *Digitaria* Haller

物种特征： 一年生草本。秆基部横卧地面，节处生根和分枝。叶鞘常短于其节间；叶舌长约2毫米；叶片上面散生柔毛，边缘稍厚，微粗糙。总状花序5～8枚，呈指状排列于茎顶；穗轴宽约1毫米，边缘粗糙；小穗孪生于穗轴之一侧；第一颖三角形，第二颖披针形，长约为小穗的2/3，具3脉；第一外稃等长于小穗，具7脉，中脉两侧的脉间较宽而无毛，其他脉间贴生柔毛，边缘具长柔毛；第二外稃椭圆状披针形，革质，黄绿色或带铅色。花果期5～10月。

利用价值： 优良牧草。

校园分布： 校园少见。如，金明校区综合教学楼西墙根花坛中。

花语：福禄、福贵、巩固、节节上升。

48. 无芒稗 *Echinochloa crus-galli* (L.) P. Beauv. var. *mitis* (Pursh) Peterm.

禾本科 Poaceae　　稗属　*Echinochloa* P. Beauv.

物种特征：一年生草本。秆高50～120厘米，直立，粗壮，光滑无毛，基部倾斜或膝曲。叶鞘疏松裹秆，平滑无毛，下部者长于而上部者短于节间；叶舌缺；叶片扁平，线形，无毛，边缘粗糙。圆锥花序直立，分枝斜上举而开展，常再分枝；小穗卵形，第一颖三角形，脉上具疣基毛；第二颖与小穗等长，先端渐尖或具小尖头；第一小花通常中性，其外稃草质，第二外稃椭圆形，平滑，光亮，成熟后变硬。花果期夏秋季。本变种与原变种的主要区别在于小穗无芒或具极短芒，芒长常不超过0.5毫米。

利用价值：优等牧草。

校园分布：少见杂草。如，金明校区生命科学学院东侧实验田田埂及周边。

49.

牛筋草 *Eleusine indica* (L.) Gaertn.
禾本科 Poaceae　穆属 *Eleusine* Gaertn.

物种特征：一年生草本。根系极发达，秆丛生，基部倾斜。叶鞘两侧压扁而具脊，松弛，无毛或疏生疣毛；叶舌长约1毫米；叶片平展，线形，无毛或上面被疣基柔毛。穗状花序2～7，指状着生于秆顶，很少单生；小穗含3～6小花；颖2，披针形，具脊，脊粗糙；第一外稃卵形，膜质，具脊，脊上有狭翼，内稃短于外稃，具2脊，脊上具狭翼。囊果卵形，长约1.5毫米，基部下凹，具明显的波状皱纹。花果期6～10月。

利用价值：优良保土植物；全株可作饲料；全草煎水服，可防治乙型脑炎。

校园分布：路边偶见。如，金明校区综合教学楼3号楼南侧路边。

朱雀桥荒，乌衣巷古，莫笑斜阳野草花。寒食近，算人生行乐，少住为佳。
——元·白朴《沁园春八首》

50.

缘毛鹅观草 *Elymus pendulinus* (Nevski) Tzvelev

禾本科 Poaceae   披碱草属 *Elymus* L.

物种特征：一年生草本。秆高60～80厘米，节处平滑无毛。基部叶鞘具倒毛，叶片扁平，无毛或上面疏生柔毛。穗状花序稍垂头，长14～20厘米；小穗长15～25毫米（芒除外），含4～8小花；颖长圆状披针形，先端锐尖至长渐尖，具5～7明显的脉，两颖近等长；外稃边缘具长纤毛，背部粗糙或仅于近顶端处疏生短小硬毛，第一外稃长9～11毫米，芒长（15～）20～28毫米；内稃与外稃几等长。花果期6～8月。

利用价值：优良牧草。

校园分布：校园常见杂草，常散生或成片生长。如，金明校区东操场球场周边生长较多。

51.

画眉草 *Eragrostis Pilosa* (L.) Beauv.

禾本科 Poaceae　　画眉草属 *Eragrostis* Wolf

物种特征：一年生草本。秆高 15～60 厘米，4 节。叶鞘扁，松散包茎，鞘缘近膜质，鞘口有长柔毛，叶舌为一圈纤毛；叶线形，扁平或蜷缩。圆锥花序开展或紧缩，分枝单生、簇生或轮生，腋间有长柔毛；颖膜质，披针形，第一颖长约 1 毫米，无脉，第二颖长约 1.5 毫米，1 脉；外稃宽卵形，先端尖，内稃迟落或宿存，稍弓形弯曲，脊有纤毛；雄蕊 3。颖果长圆形。花果期 8～11 月。

物种价值：优良饲料；入药可治跌打损伤。

校园分布：路旁草地偶见。如，金明校区中州路（环路）东段偏南路东。

花语：相知相守。

52.

苇状羊茅 *Festuca arundinacea* Schreb.

禾本科 Poaceae　　羊茅属 *Festuca* L.

物种特征： 多年生草本。植株较粗壮，秆直立，平滑无毛。叶鞘通常平滑无毛，稀基部粗糙；叶舌平截，纸质；叶片扁平，边缘内卷，上面粗糙，下面平滑，基部具披针形且镰形弯曲而边缘无纤毛的叶耳。圆锥花序疏松开展，每节常2分枝，分枝粗糙，中、上部着生多数小穗；小穗轴微粗糙，小穗绿色带紫色，成熟后呈麦秆黄色，含4～5小花；颖片披针形，顶端尖或渐尖，边缘宽膜质；花药长约4毫米；子房顶端无毛。颖果长约3.5毫米。花果期7～9月。

物种价值： 多用作优良牧草。

校园分布： 草坪多见。如，金明校区生命科学学院北侧草地，校园东围墙内草地等。

53.

白茅 *Imperata cylindrica* (L.) Raeusch.
禾本科 Poaceae　　白茅属 *Imperata* Cirillo

物种特征：多年生草本。秆直立，高可达 80 厘米，节无毛。叶鞘聚集于秆基，叶舌膜质，秆生叶片窄线形，通常内卷，质硬，基部上面具柔毛。圆锥花序稠密，长 20 厘米，宽达 3 厘米，第一外稃卵状披针形，第二外稃与其内稃近相等，卵圆形，顶端具齿裂及纤毛；雄蕊 2 枚，花药长 3～4 毫米；花柱细长，基部多少连合，柱头 2，紫黑色，羽状，长约 4 毫米，自小穗顶端伸出。颖果椭圆形。花果期 4～6 月。

利用价值：根茎可入药。

校园分布：校园常见。

白茅为屋宇编荆，数处阶墀石叠成。东谷笑言西谷响，下方云雨上方晴。
——唐·马戴《题庐山寺》

54.

阔叶箬竹 *Indocalamus latifolius* (Keng) McClure

禾本科 Poaceae　箬竹属 *Indocalamus* Nakai

物种特征： 灌木状或小灌木状。竿高可达 2 米，节间被微毛，尤以节下方为甚。叶片长圆状披针形，先端渐尖，下表面灰白色或灰白绿色，多少生有微毛，小横脉明显，形成近方格形，叶缘生有小刺毛。圆锥花序基部为叶鞘所包裹；小穗常带紫色，几呈圆柱形，小花 5～9，小穗轴节间密被白色柔毛；花药紫色或黄带紫色；柱头 2，羽毛状。笋期 4～5 月。

利用价值： 叶片巨大者可作斗笠和船篷等防雨工具；可作粽子的包叶。

校园分布： 位于金明校区双兰路中段以北湖边。

　　　石帆山下雨空蒙，三扇香新翠箬篷。苹叶绿，蓼花红，回首功名一梦中。
　　　　　　　　　　——宋·陆游《灯下读玄真子渔歌因怀山阴故隐追拟》

55.

硬直黑麦草 *Lolium rigidum* Gaud.
禾本科 Poaceae　黑麦草属 *Lolium* L.

物种特征：一年生草本。直立丛生或基部膝曲，较粗壮，平滑无毛。叶片基部具有长达3毫米的叶耳。穗形总状花序硬直，长5～20厘米；穗轴质硬，较细至粗厚；小穗含5～10小花；颖片长约为小穗之半，具5～7脉，先端钝；外稃无毛或微粗糙，顶端钝尖或齿蚀状，成熟时不肿胀，具长3毫米之芒。花果期5～7月。与黑麦草主要区别在于，后者分枝多抽穗少，颖长为其小穗长的1/3，小花5～11，外稃无芒，或上部小穗具短芒；与多花黑麦草主要区别在于，后者花序穗轴柔软，小穗含10～15小花；颖通常与第一小花等长，外稃具极短细芒。

利用价值：多作优良牧草。

校园分布：草坪少见。如，金明校区生命科学学院北侧草坪杂草。

56.

黑麦草 *Lolium perenne* L.

禾本科 Poaceae　　黑麦草属 *Lolium* L.

物种特征：多年生草本，具细弱根状茎。秆丛生，高 30～90 厘米，具 3～4 节，质软，基部节上生根。叶舌长约 2 毫米；叶片柔软，有时具叶耳。穗形穗状花序直立或稍弯；小穗轴节间长约 1 毫米，平滑无毛；颖披针形，为其小穗长的 1/3，具 5 脉；外稃长圆形，草质，具 5 脉，平滑，基盘明显，顶端无芒，或上部小穗具短芒，第一外稃长约 7 毫米；内稃与外稃等长，两脊生短纤毛。颖果长约为宽的 3 倍。花果期 5～7 月。与硬直黑麦草主要区别在于，后者穗形总状花序硬直，小穗含 5～10 小花，颖片长约为小穗之半，外稃具长 3 毫米之芒。

物种价值：其为高尔夫球道常用草，也可做饲料。

校园分布：位于金明校区化学化学化工学院东北角树下草地上。

57. 多花黑麦草 *Lolium multiflorum* Lamk.

禾本科 Poaceae　黑麦草属 *Lolium* L.

物种特征：一年生，越年生或短期多年生草本。秆直立或基部偃卧节上生根，高50～130厘米，具4～5节。叶鞘疏松；叶舌长达4毫米，有时具叶耳；叶片扁平，无毛，上面微粗糙。穗形总状花序直立或弯曲；穗轴柔软，无毛，上面微粗糙，小穗含10～15小花；颖披针形，质地较硬，通常与第一小花等长；外稃长圆状披针形。颖果长圆形，长为宽的3倍。花果期7～8月。与硬直黑麦草、黑麦草的主要区别见前述。

物种价值：大多作优良牧草。

校园分布：位于金明校区校北门东侧围墙以内草坪。

58. 芦苇 *Phragmites australis* (Cav.) Trin. ex Steud.

禾本科 Poaceae 芦苇属 *Phragmites* Adans.

物种特征： 多年生水生或湿生的高大禾草，根状茎十分发达。秆直立，具20多节，最长节间位于下部第4～6节，节下被蜡粉。叶鞘下部者短于而上部者长于其节间；叶舌边缘密生一圈短纤毛，两侧缘毛易脱落；叶片披针状线形，无毛。圆锥花序大型，分枝多数，着生稠密下垂的小穗；小穗含4小花；颖具3脉，第一颖短于第二颖；第二外稃与第一外稃近等长，具3脉；雄蕊3，花药黄色。颖果长约1.5毫米。花果期夏秋季。

物种价值： 根茎四布，有固堤之效；芦苇能吸收水中的磷，可以抑制蓝藻的生长。

校园分布： 位于金明校区特种功能材料教育部重点实验室南侧湖中。

芦苇晚风起，秋江鳞甲生。残霞忽变色，游雁有馀声。

——唐·刘禹锡《晚泊牛渚》

59. 紫竹 *Phyllostachys nigra* (Lodd. ex Lindl.) Munro

禾本科 Poaceae　刚竹属 *Phyllostachys* Siebold & Zucc.

物种特征：竿高4～8（～10）米，径可达5厘米。幼竿绿色，密被细柔毛及白粉，一年生以后逐渐先出现紫斑，后全部变为紫黑色，无毛。箨鞘背面常具极微小不易观察的深褐色斑点；箨耳紫黑色，边缘生繸毛；箨舌拱形至尖拱形，紫色，边缘生长纤毛；箨片小，绿色，但脉为紫色。末级小枝具2或3叶，叶片质薄。花枝呈短穗状，佛焰苞4～6片，无叶耳，鞘口繸毛少或无，缩小叶细小，或较大而呈卵状披针形；小穗具2或3小花；花药长约8毫米；柱头3，羽毛状。笋期4月下旬。

物种价值：传统的观杆竹类；其根状茎入药，具祛风、散瘀、解毒等功效。

校园分布：见于多处竹园。如，金明校区综合教学楼1号楼以南湖北岸竹园等处。

曾到蓬山验异闻，浮筠翻动雪披纷。紫茎绿叶骚人句，不在秋兰在竹君。

——宋·周必大《紫竹》

60.

斑竹 *Phyllostachys reticulata* **'Lacrima-deae'**
禾本科 Poaceae　　刚竹属 *Phyllostachys* Siebold & Zucc.

物种特征：竿高可达 20 米，幼竿无毛，竿环稍高于箨环；竿有紫褐色或淡褐色斑点；箨鞘革质，箨耳紫褐色，繸毛通常生长良好，箨舌拱形，箨片带状，中间绿色，两侧紫色，边缘黄色。末级小枝枝初具 5～6 叶，后 2～3 叶，叶耳半圆形，叶舌明显伸出。花枝呈穗状，每片佛焰苞腋内有 1 或 2（3）枚假小穗。每小穗含 1 或 2（3）朵小花，外稃被稀疏微毛，内稃稍短于其外稃，鳞被菱状长椭圆形，花柱较长，柱头羽毛状。笋期 5 月下旬。

物种价值：栽培供观赏；优良用材竹种。

校园分布：位于金明校区 7 号教学楼西北角。

斑竹枝，斑竹枝，泪痕点点寄相思。

——唐·刘禹锡《潇湘神》

叁·被子植物

61.

变竹 *Phyllostachys glauca* McClure var. *variabilis* J. L. Lu

禾本科 Poaceae　　刚竹属 *Phyllostachys* Siebold & Zucc.

物种特征：竿高5～12米，粗2～5厘米，竿环与箨环均稍隆起，同高。箨鞘背面淡紫褐色至淡紫绿色，常有深浅相同的纵条纹，无毛，具紫色脉纹及疏生的小斑点或斑块，无箨耳及鞘口繸毛；箨舌暗紫褐色，边缘有波状裂齿及细短纤毛。末级小枝具2或3叶；叶舌紫褐色。花枝呈穗状，佛焰苞5～7片；外稃常被短柔毛，内稃稍短于其外稃，脊上生短柔毛；花药长12毫米；柱头2，羽毛状。笋期4月中旬至5月底，花期6月。本变种与原变种的区别在于幼秆无白粉或微被白粉，分枝以下各节的箨鞘具云雾状淡褐色长斑纹。

物种价值：适于编织竹器及制作工艺品；亦可供观赏；也可整材使用，作农具柄、搭棚架等。

校园分布：见于多处竹园。如，金明校区商学院与教育学部之间小竹园。

新竹高于旧竹枝，全凭老干为扶持。

——清·郑燮《新竹》

62.

金镶玉竹 *Phyllostachys aureosulcata* 'Spectabilis'
禾本科 Poaceae 刚竹属 *Phyllostachys* Siebold & Zucc.

物种特征：竿高达9米，粗4厘米，在较细的竿之基部有2或3节常作"之"字形折曲；幼竿被白粉及柔毛，毛脱落后手触竿表面微觉粗糙；竿金黄色，分枝一侧的沟槽为绿色或黄绿色；竿环中度隆起，高于箨环。箨鞘背部紫绿色常有淡黄色纵条纹，散生褐色小斑点或无斑点，被薄白粉；箨耳淡黄带紫或紫褐色；箨舌宽，拱形或截形，紫色，边缘生细短白色纤毛。末级小枝2或3叶；叶耳微小或无，䍁毛短；叶舌伸出。花枝呈穗状，小穗轴具毛；颖1或2片，具脊；柱头3，羽毛状。笋期4月中旬至5月上旬，花期5～6月。

物种价值：本种以其竿色美丽，主要供观赏。

校园分布：金明校区综合教学楼3号楼南北两侧均有。

独坐幽篁里，弹琴复长啸。深林人不知，明月来相照。
——唐·王维《竹里馆》

叁·被子植物

63. 早熟禾 *Poa annua* L.

禾本科 Poaceae　　早熟禾属 *Poa* L.

形态特征： 一年生或冬性禾草。秆直立或倾斜，质软，全体平滑无毛。叶片扁平或对折，质地柔软，边缘微粗糙。圆锥花序开展，每节分枝1～3；小穗卵形，含3～5小花，绿色；颖薄，具宽膜质边缘，顶端钝，第一颖具1脉，第二颖具3脉；外稃顶端与边缘宽膜质，具明显的5脉，第一外稃长3～4毫米；内稃与外稃近等长，两脊密生丝状毛；花药黄色。颖果纺锤形。花期4～5月，果期6～7月。与草地早熟禾主要区别在于，后者植株较高大，叶长，花序每节3～5分枝，每小穗含3～4小花，内稃短于外稃。

利用价值： 可降血糖，作用与胰岛素相似。

校园分布： 路边和草地可见。如，金明校区护理与健康学院西侧路边。

骤长之木，必无坚理。早熟之禾，必无嘉实。

——明·徐祯稷《耻言》

64.

草地早熟禾 *Poa pratensis* L.

禾本科 Poaceae　　早熟禾属 *Poa* L.

物种特征：多年生草本植物。具匍匐根状茎，高可达90厘米。叶舌膜质，叶片线形，扁平或内卷，蘖生叶片较狭长。圆锥花序金字塔形或卵圆形，每节3～5分枝，开展，二次分枝，每小枝上着生3～6小穗，主枝中部以下裸露；小穗卵圆形，绿色至草黄色，含3～4小花，长4～6毫米；外稃膜质，内稃较短于外稃。颖果纺锤形。5～6月开花，7～9月结果。与早熟禾主要区别在于，后者植株较低矮，叶短，花序每节2～3分枝，每小穗含3～5小花，内稃与外稃近等长。

利用价值：重要牧草。

校园分布：草坪多见。如，金明校区生命科学学院北侧草坪，东操场北篮球场北围墙外草地。

65. 长芒棒头草 *Polypogon monspeliensis* (L.) Desf.

禾本科 Poaceae　棒头草属 *Polypogon* Desf.

物种特征：一年生草本。秆直立或基部膝曲，大都光滑无毛，具4～5节，高8～60厘米。叶鞘松弛抱茎，大多短于或下部者长于节间；叶舌膜质，2深裂或呈不规则地撕裂状；叶片上面及边缘粗糙，下面较光滑。圆锥花序穗状；小穗淡灰绿色，成熟后枯黄色，颖片倒卵状长圆形，被短纤毛，先端2浅裂，芒自裂口处伸出，细长而粗糙，长3～7毫米；外稃中脉延伸成约与稃体等长而易脱落的细芒；雄蕊3，花药长约0.8毫米。花果期5～10月。与棒头草主要区别在于，后者小穗淡灰绿色或带紫色，颖顶端芒长1～3毫米。

利用价值：花序美观，可作切插花素材，适合制作贺卡或其他贴花素材。

校园分布：位于金明校区生命科学学院东侧实验田田埂。

66.

棒头草 *Polypogon fugax* Nees ex Steud.

禾本科 Poaceae   棒头草属 *Polypogon* Desf.

物种特征： 一年生草本。秆丛生，基部膝曲，光滑。叶鞘光滑常短于或下部者长于节间；叶舌长圆形，常 2 裂或顶端具不整齐的裂齿，叶片扁平。圆锥花序具缺刻或有间断，小穗长约 2.5 毫米；颖长圆形，先端 2 浅裂，芒从裂口处伸出；外稃光滑，长约 1 毫米，先端具微齿，中脉延伸成芒；雄蕊 3，花药长 0.7 毫米。颖果椭圆形，1 面扁平，长约 1 毫米。花果期 4～9 月。与长芒棒头草主要区别在于，后者小穗淡灰绿色，颖顶端芒长 3～7 毫米。

利用价值： 优良牧草。

校园分布： 位于金明校区生命科学学院南侧草地及东侧实验田田埂。

嫩绿柔香远更浓，春来无处不茸茸。六朝旧恨斜阳里，南浦新愁细雨中。
———明·杨基《春草》

67. 大狗尾草 *Setaria faberi* R. A. W. Herrmann

禾本科 Poaceae 狗尾草属 *Setaria* P. Beauv.

物种特征： 一年生草本，通常具支柱根。秆直立或基部膝曲，高可达120厘米。叶鞘松弛，边缘常具细纤毛；叶片线状披针形，边缘具细锯齿。圆锥花序紧缩呈圆柱状，通常垂头，主轴具较密长柔毛；小穗椭圆形，刚毛通常绿色，少具浅褐紫色，粗糙；花柱基部分离。颖果椭圆形，顶端尖。7～10月开花结果。与狗尾草主要区别在于，后者花序直立或稍弯垂，穗上刚毛直或稍扭曲，小穗先端钝，长2～2.5毫米。

利用价值： 秆、叶可做牲畜饲料。

校园分布： 金明校区数学与统计学院南侧草地上偶见。

> 无田甫田，维莠桀桀。无思远人，劳心怛怛。
>
> ——《齐风·甫田》

68.

狗尾草 *Setaria viridis* (L.) Beauv.
禾本科 Poaceae　　狗尾草属 *Setaria* P. Beauv.

物种特征：一年生草本。秆直立或基部膝曲，高 10～100 厘米。叶鞘松弛，无毛，或疏具柔毛或疣毛，边缘具较长的密绵毛状纤毛；叶片扁平，先端长渐尖或渐尖，基部钝圆形，通常无毛，边缘粗糙。圆锥花序紧密呈圆柱状或基部稍疏离，直立或稍弯垂，主轴被较长柔毛，刚毛粗糙，直或稍扭曲，通常绿色或褐黄到紫红或紫色；小穗 2～5 簇生于主轴上，或更多的小穗着生在短小枝上，椭圆形，先端钝，铅绿色。花果期 5～10 月。与大狗尾草主要区别为，后者花序通常垂头，穗上刚毛较粗而直，小穗先端尖，长约 3 毫米。

物种价值：秆、叶可作饲料，也可入药。

校园分布：路边和草地可见。

花语：暗恋。

叁·被子植物　75

69.

节节麦 *Aegilops triuncialis* L.

禾本科 Poaceae　　山羊草属 *Aegilops* L.

物种特征：一年生草本。秆少数丛生，株高 20～40 厘米。叶鞘抱茎，无毛，边缘具纤毛；叶舌薄膜质；叶片宽约 3 毫米，微粗糙，上面疏被柔毛。穗状花序圆柱形，连芒有 5～13 小穗；穗轴有凹陷，成熟时随节断落；小穗圆柱形，含 3～4（5）小花；颖草质，通常具 7～9 脉，或可达 10 脉以上；外稃披针形，具 5 脉，脉仅于顶端显著，顶具长芒，第一外稃长约 7 毫米；内稃与外稃等长，脊上具纤毛。花果期 5～6 月。

物种价值：普通小麦的祖先之一，常用于小麦品质改良。

校园分布：常见杂草。如，金明校区生命科学学院楼北草地，护理与健康学院楼南草地等。

苏溪亭上草漫漫，谁倚东风十二阑？

——唐·戴叔伦《苏溪亭》

70.

普通小麦 *Triticum aestivum* L.
禾本科 Poaceae　小麦属 *Triticum* L.

物种特征： 一年生草本。秆直立，丛生，具6～7节，高60～100厘米，径5～7毫米。叶鞘松弛抱茎，下部者长于上部者短于节间；叶舌膜质，长约1毫米；叶片长披针形。穗状花序直立，长5～10厘米（芒除外），宽1～1.5厘米；小穗含3～9小花，上部者不发育；颖卵圆形，长6～8毫米，主脉背面上部具脊，于顶端延伸为长约1毫米的齿，侧脉背脊及顶齿均不明显；外稃长圆状披针形，顶端具芒或无芒；内稃与外稃几等长。颖果长6～8毫米。花果期5～7月。

物种价值： 优质粮食作物。

校园分布： 金明校区生命科学学院实验田和小麦逆境改良中心实验田栽培，其他处散生。

小麦青青大麦黄，护田沙径绕羊肠。秧畦岸岸水初饱，尘甑家家饭已香。
——宋·方岳《农谣·小麦青青大麦黄》

叁·被子植物

71.

紫堇 *Corydalis edulis* Maxim.
罂粟科 Papaveraceae 紫堇属 *Corydalis* DC.

物种特征： 一年生草本，主根细长。茎高 20～50 厘米，具分枝，花枝常与叶对生。基生叶具长柄，叶长 5～9 厘米，一至二回羽状全裂，一回羽片 2～3 对，具短柄，二回羽片近无柄，倒卵圆形，羽状分裂，裂片窄卵形；茎生叶与基生叶同形。总状花序疏具 3～10 花，内花瓣具鸡冠状突起，稍长于瓣片；柱头横向纺锤形，两端各具 1 乳突，上面具沟槽，槽内具极细小的乳突。蒴果线形，下垂，具 1 列种子。花果期 3～7 月。

利用价值： 全草药用，能清热解毒、止痒、收敛、固精、润肺、止咳。

校园分布： 校园常见。如，金明校区南苑学生宿舍楼 2 号楼 3 号楼之间草地，教育学部东南角。

花语：是相思，是至死不渝的爱情，也有沉默不语的寓意。

72.

木防己 *Cocculus orbiculatus* (L.) DC.
防己科 Menispermaceae　木防己属 *Cocculus* DC.

物种特征：木质藤本。小枝被绒毛至疏柔毛，或有时近无毛，有条纹，叶片纸质至近革质，形状变异极大，长通常 3～8 厘米，很少超过 10 厘米。聚伞花序少花，腋生，或多花排成狭窄聚伞圆锥花序。核果近球形，红色至紫红色，径通常 7～8 毫米。果核骨质，径约 5～6 毫米，背部有小横肋状雕纹。花期 5～6 月，果期 8～9 月。

利用价值：该种植物热带地区可庭院栽培，用于拱门、廊柱、山石、树干的垂直绿化；亦可作为地被植物使用；其根、茎可供药用，也能用来酿酒。

校园分布：金明校区经济学院北侧林中。

73.

日本小檗 *Berberis thunbergii* DC.

小檗科 Berberidaceae　　小檗属 *Berberis* L.

物种特征：落叶灌木，一般高约 1 米。叶薄纸质，倒卵形、匙形或菱状卵形。枝条开展，幼枝淡红带绿色，老枝暗红色；刺单一。花朵组成具总梗的伞形花序，或近簇生的伞形花序，或无总梗而呈簇生状；花梗无毛；小苞片卵状披针形，带红色，花黄色。浆果椭圆形，亮鲜红色。花期 4～6 月，果期 7～10 月。图 a、b、c 为日本小檗，图 d 为该种下一品种紫叶小檗（*Berberis thunbergii* 'Atropurpurea'），其主要区别在于叶为紫红色。

利用价值：常栽培于庭园中或路旁作绿化或绿篱用；茎皮去外皮后，可作黄色染料。

校园分布：前者见于金明校区南苑学生公寓 3 号楼北侧；后者于花坛中常见，如，金明校区教育学部东侧，南苑学生公寓 2 号楼西侧。

花语：善与恶。

74.

南天竹 *Nandina domestica* Thunb.
小檗科 Berberidaceae　　南天竹属 *Nandina* Thunb.

物种特征： 常绿小灌木。叶互生，三回羽状复叶，二至三回羽片对生，小叶薄革质，椭圆形或椭圆状披针形，顶端渐尖，基部楔形。圆锥花序直立；花小，白色，具芳香；萼片多轮，外轮萼片卵状三角形；花瓣长圆形，先端圆钝；雄蕊6，花丝短，花药纵裂，药隔延伸；子房1室，具1～3枚胚珠。浆果球形，熟时鲜红色，稀橙红色。种子扁圆形。花期3～6月，果期5～11月。

利用价值： 各地庭园常有栽培，为优良观赏植物；根、叶具强筋活络、消炎解毒之效；果为镇咳药，但过量有中毒之虞。

校园分布： 校园常见。如，金明校区药学院门前，土木建筑学院西侧，琴键楼路边绿化带中等处。

花语：吉祥，长寿。

75.

小侧金盏花 *Adonis aestivalis* L. var. *parviflora* M. Bieb.

毛茛科 Ranunculaceae　　侧金盏花属 *Adonis* L.

物种特征： 一年生草本。茎高 10～20 厘米，不分枝或分枝，茎中部以上叶稍密集，二至三回羽状细裂。花单生茎顶端，萼片约 5，膜质，狭菱形或狭卵形；花瓣约 8，红色，下部黑紫色，倒披针形；花药宽椭圆形或近球形，长约 0.8 毫米；心皮多数，子房狭卵形。瘦果卵球形，有明显的背肋和腹肋。花期 6 月。

利用价值： 全草可入药，具有强心、利尿功效，可用于治疗心悸、水肿、癫痫等疾病。

校园分布： 位于金明校区作物逆境适应与改良国家重点实验室东围墙外。

花语：回忆，坚忍，执着。

76.

花毛茛 *Ranunculus asiaticus* (L.) Lepech
毛茛科 Ranunculaceae　　毛茛属 *Ranunculus* L.

物种特征： 多年生草本。块根纺锤形，常数个聚生于根颈部。茎单生，或少数分枝，株高 20～50 厘米。基生叶为三出复叶，轮廓为阔卵形，具长柄；茎生叶小，近无柄，羽状细裂。花单生或数朵聚生于茎顶，花径 5～10 厘米，花有红、黄、白、橙及紫等多色，重瓣或半重瓣。花期 4～5 月。

利用价值： 花大秀美，且花色丰富，多种植用作观赏。

校园分布： 位于金明校区生命科学学院楼前。

花语：受欢迎。

77.

茴茴蒜 *Ranunculus chinensis* Bunge
毛茛科 Ranunculaceae　　毛茛属 *Ranunculus* L.

物种特征：多年生或一年生草本，茎高可达50厘米。基生叶数枚，为三出复叶，小叶具柄，顶生小叶菱形或宽菱形，3深裂；茎生叶渐小。花序顶生，3至数花；花梗长0.5～2厘米；萼片5，反折，窄卵形；花瓣5，倒卵形；雄蕊多数。聚合果长圆形，瘦果扁，斜倒卵圆形，长2～2.5毫米，无毛，具窄边，宿存花柱长0.2毫米。花果期4～9月。与石龙芮主要区别在于，后者植株上无毛或疏生毛，叶片肾形，3深裂，瘦果排列紧密，倒卵球形稍扁。

利用价值：全草药用，外敷引赤发泡，有消炎、退肿、截疟及杀虫之效。

校园分布：学校草地偶见。如，金明校区基础实验中心北侧草地。

花语：爱国。

78.

石龙芮 *Ranunculus sceleratus* L.
毛茛科 Ranunculaceae　　毛茛属 *Ranunculus* L.

物种特征：一年生草本。须根簇生，茎直立，高可达50厘米。基生叶多数，叶片肾状圆形，叶柄长3～15厘米，近无毛；茎生叶多数，上部叶3全裂，叶柄基部扩大成宽鞘抱茎。聚伞花序有多数花；花小，萼片5，椭圆形，花瓣5，倒卵形，基部有短爪，具蜜槽，雄蕊10多枚。聚合果长圆形，瘦果极多数，紧密排列，倒卵球形，稍扁，无毛。花果期5～8月。与茴茴蒜主要区别在于，后者植株上密被毛，基生叶及下部叶三出复叶，瘦果扁平。

利用价值：全草含原白头翁素，有毒，药用能消结核、截疟及治痈肿、疮毒、蛇毒等。

校园分布：金明校区地理与环境学院南边，华苑学生公寓西门的湖岸上。

79.

莲 *Nelumbo nucifera* Gaertn.
莲科 Nelumbonaceae　　莲属 *Nelumbo* Adans.

物种特征：多年生水生草本。根状茎横生，粗壮。叶漂浮或高出水面，近圆形，盾状，全缘，叶脉放射状。花大，伸出水面，萼片4～5；花瓣大，黄色、红色、粉红色或白色，内轮渐变成雄蕊；雄蕊药隔先端成1细长内曲附属物；花柱短，柱头顶生；花托海绵质，果期膨大。坚果矩圆形或球形。种子无胚乳，子叶肥厚。花期6～8月，果期8～10月。

利用价值：种子可食用，根状茎可提制藕粉，多种器官可药用。

校园分布：金明校区地理与环境学院南边湖中，土木建筑学院西侧湖中。

> 毕竟西湖六月中，风光不与四时同。接天莲叶无穷碧，映日荷花别样红。
> ———宋·杨万里《晓出净慈寺送林子方》

80. 一球悬铃木 *Platanus occidentalis* L.

悬铃木科 Platanaceae　悬铃木属 *Platanus* L.

物种特征：落叶大乔木。树皮呈小块状剥落。嫩枝被黄褐色绒毛。叶大，阔卵形，通常3浅裂，裂片短三角形，边缘有数个粗大锯齿，叶柄密被绒毛；托叶基部鞘状，上部扩大呈喇叭形，早落。花单性，聚成圆球形头状花序；雄花的萼片及花瓣均短小；雌花基部有长绒毛，萼片短小。果序圆球形，单生，稀为2个。花期3～5月，果期6～10月。与二球悬铃木主要区别在于，后者树皮光滑，大片块状脱落，叶常5裂，中裂片长度与宽度略相等，头状果序1～2（3），坚果之间绒毛短，不突出果序外。

利用价值：栽培作行道树及观赏用，也能吸收有毒有害气体，用作绿化。

校园分布：校园常见行道树（与二球悬铃木和极少量三球悬铃木混植）。

81.

二球悬铃木 *Platanus × acerifolia* (Aiton) Willd.

悬铃木科 Platanaceae　　悬铃木属 *Platanus* L.

物种特征：落叶大乔木，高30余米。树皮光滑，片状脱落。嫩枝密被灰黄色绒毛，老枝秃净，红褐色。叶宽卵形，幼叶两面被灰黄色星状绒毛，下面毛厚密，后脱落，仅脉腋被毛；上部叶常掌状3～5中裂，叶柄密被黄褐色星状毛；托叶基部鞘状，上部开裂。花常4数，雄花萼片卵形，被毛；花瓣长圆形，雄蕊长于花瓣。球形果序常2个串生，下垂，绒毛不突出。花期4～5月，果期9～10月。与三球悬铃木主要区别在于，后者树皮呈薄片状剥落，叶掌状5～7深裂，头状果序常3，小坚果之间有黄色绒毛，突出头状果序外。

利用价值：因其树形雄伟端庄，叶大荫浓，适应性强，故为世界著名行道树和庭园树。

校园分布：校园常见行道树。如，金明校区行政楼南停车场，药学院以南林中等处。

82.

三球悬铃木 *Platanus orientalis* L.
悬铃木科 Platanaceae　　悬铃木属 *Platanus* L.

物种特征： 落叶大乔木。树冠阔钟形，树皮灰褐色至灰白色，呈薄片状剥落。幼枝与幼叶密生褐色星状毛。叶掌状 5～7 裂，深裂达中部，裂片长大于宽，叶基阔楔形或截形，叶缘有齿牙，掌状脉，托叶基部鞘状，上部圆领状。花序头状，黄绿色。果枝长 10～15 厘米，头状果序 3～5 个一串，稀为 2 个，果序直径 2～2.5 厘米，宿存花柱突出呈刺状，长 3～4 毫米，小坚果之间有黄色绒毛，突出头状果序外。花期 4～5 月，果期 9～10 月。与一球悬铃木主要区别在于，后者树皮呈小块状脱落，叶常 3 裂，中裂片长度小于宽度，头状果序 1（2），坚果之间绒毛长，不突出果序外。

利用价值： 广泛应用于城市绿化，是优良的行道树种。

校园分布： 多处散生。如，金明校区行政楼南停车场，伯襄路行道树，校小西门以内行道树等处。

83.

黄杨 *Buxus sinica* (Rehd. et Wils.) Cheng

黄杨科 Buxaceae　　黄杨属 *Buxus* L.

物种特征：常绿灌木或小乔木，高1～6米。小枝四棱形，被短柔毛或外方相对两侧面无毛。叶革质，先端圆或钝，常有小凹口；叶面光亮，中脉凸出。头状花序腋生，花密集；雄花约10朵，无梗，雄蕊连花药长4毫米，不育雌蕊高度约为萼片长度的2/3或与萼片几等长；雌花子房较花柱稍长，柱头倒心形。蒴果近球形，宿存花柱长2～3毫米。花期3月，果期5～6月。

利用价值：具有观赏价值，且可入药，其木质紧密、坚韧，也是一种理想的雕刻材料。

校园分布：金明校区下沉广场北侧园中。

黄杨性坚贞，枝叶亦刚愿。三十六旬久，增生但方寸。

———宋·李鹰《黄杨林诗》

84.

芍药 *Paeonia lactiflora* Pall.
芍药科 Paeoniaceae　　芍药属 *Paeonia* L.

物种特征：多年生草本。根粗壮，分枝黑褐色。下部茎生叶为二回三出复叶，上部茎生叶为三出复叶或单叶；小叶背面沿叶脉疏生短柔毛。花数朵，生茎顶和叶腋，有时仅顶端一朵开放；苞片4~5，大小不等；萼片4；花瓣9~13；花丝黄色；花盘浅杯状，包裹心皮基部；心皮4~5（偶见2），无毛。蓇葖顶端具喙。花期5~6月，果期8月。与牡丹主要区别在于，后者叶几全为二回三出复叶，花单生枝顶，花盘完全包住心皮，后裂开，蓇葖果密生柔毛。

利用价值：根、根皮供药用，有镇痉、止痛、凉血散瘀之效。
校园分布：金明校区药学院与基础医学院之间小园中。

芍药绽红绡，巴篱织青琐。繁丝蹙金蕊，高焰当炉火。
————唐·元稹《红芍药》

85.

牡丹 *Paeonia* × *suffruticosa* Andrews
芍药科 Paeoniaceae　　芍药属 *Paeonia* L.

物种特征：落叶灌木，茎高达2米，分枝短而粗。叶常为二回三出复叶；顶生小叶常3裂。花单生枝顶，苞片5，萼片5，花瓣5，或为重瓣，玫瑰、红紫或粉红色至白色，倒卵形；花盘初时完全包住心皮，后裂开；心皮5，稀更多，密生柔毛。蓇葖长圆形，密生黄褐色硬毛。花期5月，果期6月。与芍药主要区别在于，后者叶不仅为二回三出复叶，花几朵生枝顶或叶腋，花盘浅杯状，包裹心皮基部，蓇葖果无毛。

利用价值：根皮供药用，称"丹皮"，为镇痉药，能凉血散瘀，治中风、腹痛等症。

校园分布：金明校区药学院与基础医学院之间小园中。

庭前芍药妖无格，池上芙蕖净少情。唯有牡丹真国色，花开时节动京城。

——唐·刘禹锡《赏牡丹》

86.

蚊母树 *Distylium racemosum* Siebold & Zucc.
金缕梅科 Hamamelidaceae　蚊母树属 *Distylium* Siebold & Zucc.

物种特征： 乔木或灌木状。裸芽，幼枝被鳞片。叶椭圆形，先端钝尖或稍尖，基部宽楔形，带有虫瘿。总状花序长2厘米，无毛，卵形，被鳞片，苞片披针形；雌花与雄花同序，雌花生于花序顶端；萼筒短，萼齿大小不等，被鳞片；雄花红色。蒴果卵圆形，顶端尖，被褐色星状绒毛。花期4～5月，果熟期10月。

利用价值： 城市及工矿区绿化及观赏树种。

校园分布： 金明校区药学院以南林中。

花语：亲近自然。

87.

垂盆草 *Sedum sarmentosum* Bunge
景天科 Crassulaceae　　景天属 *Sedum* L.

物种特征：多年生草本。不育枝及花茎细，匍匐而节上生根，直到花序之下，长 10～25 厘米。3 叶轮生，叶倒披针形至长圆形，长 15～28 毫米，宽 3～7 毫米，先端近急尖，基部急狭。聚伞花序，花无梗；萼片 5，披针形至长圆形，基部无距；花瓣 5，黄色，披针形至长圆形，先端有稍长的短尖；雄蕊 10，较花瓣短；鳞片 10，楔状四方形，先端稍有微缺；心皮 5，长圆形，略叉开，有长花柱。种子卵形。花期 5～7 月，果期 8 月。
利用价值：全草皆可药用，能够清热解毒。
校园分布：草地常见，特别是阴湿草地上。

花语：无奈而又给人希望。

88.

乌蔹莓 *Causonis japonica* (Thunb.) Raf.
葡萄科 Vitaceae　乌蔹莓属 *Causonis* Raf.

物种特征：草质藤本，卷须2～3叉分枝。鸟足状5小叶复叶，椭圆形至椭圆披针形，先端渐尖，基部楔形或宽圆，具疏锯齿，中央小叶显著狭长。复二歧聚伞花序腋生，花萼碟形，花瓣三角状卵圆形，花盘发达。果近球形，径约1厘米。有种子2～4，种子倒三角状卵圆形，种脐腹面两侧洼穴从近基部向上过种子顶端。花期3～8月，果期8～11月。

利用价值：全草入药，有凉血解毒、利尿消肿之功效。

校园分布：校园常见。如，金明校区综合教学楼6号楼北墙根处。

89.

葡萄 *Vitis vinifera* L.
葡萄科 Vitaceae　　葡萄属 *Vitis* L.

物种特征： 木质藤本。小枝无毛或被稀疏柔毛，卷须2叉分枝。叶宽卵圆形，3～5浅裂或中裂，基部深心形，基缺凹成圆形，两侧常靠合，每边锯齿多数，下面被疏柔毛或无毛。圆锥花序密集或疏散，多花，与叶对生，花序梗几无毛或疏生蛛丝状绒毛；花梗短，无毛；花蕾倒卵圆形，顶端近圆形，花柱短。果球形或椭圆形。花期4～5月，果期8～9月。与蘡薁主要区别在于，后者枝、叶、圆锥花序初时密被蛛丝状绒毛或柔毛，叶3～5（～7）深或浅裂，浆果小。

利用价值： 生食或制葡萄干，并酿酒；根和藤药用，能止呕、安胎。

校园分布： 金明校区棉花生物学国家重点实验室南墙外。

新茎未遍半犹枯，高架支离倒复扶。若欲满盘堆马乳，莫辞添竹引龙须。

——唐·韩愈《题张十一旅舍三咏·蒲萄》

90.

蘡薁 *Vitis bryoniifolia* Bunge
葡萄科 Vitaceae　　葡萄属 *Vitis* L.

物种特征：木质藤本。嫩枝密被蛛丝状绒毛或柔毛，后变稀疏；卷须2叉分枝。叶3～5(～7)深或浅裂，稀兼有不裂叶，先端急尖至渐尖，基部浅心形或近截形，每边有5～16缺刻状粗齿或成羽状分裂。圆锥花序宽或狭窄，长4～12厘米，花序梗长2～2.5厘米，初被蛛丝状绒毛，后变稀疏。果球形，径5～8毫米，成熟时紫红色。花期4～8月，果期6～10月。与葡萄主要区别在于，后者枝、叶、花序轴无毛或被疏柔毛，叶3～5浅裂或中裂，浆果大。

利用价值：全株供药用，能祛风湿、消肿痛；藤可造纸；果可酿果酒。

校园分布：金明校区中州路（环路）西北角以外行道树下。

91.

蒺藜 *Tribulus terrestris* L.
蒺藜科 Zygophyllaceae   蒺藜属 *Tribulus* L.

物种特征：一年生草本，茎平卧。偶数羽状复叶，长 1.5～5 厘米；小叶对生，3～8 对，矩圆形或斜短圆形，长 5～10 毫米，宽 2～5 毫米，先端锐尖或钝，基部稍偏科，被柔毛，全缘。花腋生，花梗短于叶，花黄色；萼片 5，宿存；花瓣 5。果有分果瓣 5，硬，长 4～6 毫米，无毛或被毛，中部边缘有锐刺 2 枚，下部常有小锐刺 2 枚，其余部位常有小瘤体。花期 5～8 月，果期 6～9 月。

利用价值：其果入药，主治头痛、眩晕、目赤翳障、胸胁不舒等症。

校园分布：草地少见。如，金明校区综合教学楼 3 号楼南侧。

荆棘林中宣妙义，蒺藜园里放毫光。千言万语无人会，又靓流莺过短墙。

——宋·释清旦《颂古四首·其一》

92.

合欢 *Albizia julibrissin* Durazz.
豆科 Fabaceae　合欢属 *Albizia* Durazz.

物种特征：落叶乔木，高可达 16 米，树冠开展。托叶线状披针形，较小叶小，早落，二回羽状复叶，羽片 4～12 对，栽培的有时达 20 对；小叶 10～30 对，线形至长圆形。花粉红色；花萼管状，长 3 毫米；花冠长 8 毫米，裂片三角形，长 1.5 毫米，花萼、花冠外均被短柔毛；花丝较长。荚果带状，长 9～15 厘米，宽 1.5～2.5 厘米，嫩荚有柔毛，老荚无毛。花期 6～7 月，果期 8～10 月。

利用价值：心材多用于制家具；嫩叶可食，老叶可以洗衣服；树皮供药用，有驱虫之效。

校园分布：位于金明校区 7 号教学楼北园中，综合教学楼南边湖北岸，图书馆西南角多株。

开花复卷叶，艳眼又惊心。蝶绕西枝露，风披东干阴。黄衫漂细蕊，时拂女郎砧。
——唐·李颀《题合欢》

93.

紫穗槐 *Amorpha fruticosa* L.
豆科 Fabaceae　紫穗槐属 *Amorpha* L.

物种特征：落叶灌木。茎丛生，高1～4米。小枝幼时密被短柔毛，后渐变无毛。奇数羽状复叶，小叶11～25片，卵形或椭圆形，先端圆、急尖或微凹，有短尖，基部宽楔形或圆，上面无毛或疏被毛。穗状花序顶生或生于枝条上部叶腋，花序梗与序轴均密被短柔毛；花多数，密生；花萼钟状，疏被毛或近无毛，萼齿5，长约为萼筒的1/3；花冠紫色，旗瓣心形，先端裂至瓣片的1/3，翼瓣与龙骨瓣均缺如；雄蕊10，花丝基部合生，伸出花冠之外。荚果长圆形，下垂，具小突尖，成熟时棕褐色，有疣状腺点。花果期5～10月。

利用价值：可榨油；可编制箩筐；有护堤防沙、防风固沙的作用。

校园分布：位于金明校区特种功能材料重点实验室南侧湖岸上。

花语：清新，脱俗，一种浓烈的爱，岁月的轮回，思念的象征。

94.

紫荆 *Cercis chinensis* Bunge
豆科 Fabaceae 紫荆属 *Cercis* L.

物种特征：落叶灌木，高 5 米。叶先端急尖，基部浅或深心形，叶缘膜质透明。花紫红或粉红色，2～10 余朵成束，簇生于老枝和主干上，尤以主干上花束较多，常先叶开放，幼嫩枝上的花则与叶同时开放；花龙骨瓣基部有深紫色斑纹；子房蕾时光亮无毛，后密被毛，胚珠 6～7。荚果扁，具翅，喙细而弯曲，不裂。花期 3～4 月，果期 8～10 月。与黄山紫荆主要区别在于，后者为小乔木，花淡紫红色，后渐变白色，果实无翅，喙粗大而质硬，二瓣开裂，呈扭曲状。

利用价值：树皮可入药，有清热解毒、活血行气、消肿止痛之功效；花可治风湿筋骨痛。

校园分布：校园常见。如，金明校区特种功能材料重点实验室东侧及西南角路边。

杂英纷已积，含芳独暮春。还如故园树，忽忆故园人。

——唐·韦应物《见紫荆花》

95.

黄山紫荆 *Cercis chingii* Chun
豆科 Fabaceae　　紫荆属 *Cercis* L.

物种特征： 小乔木或丛生灌木，株高2～4米。主干和分枝常呈披散状；小枝初时灰白色，干后呈黑褐色，有多而密的小皮孔，嫩时被棕色短柔毛。叶近革质，卵圆形或肾形，叶柄长1.5～3厘米，两端微膨大。花常先叶开放，数朵簇生于老枝上，淡紫红色，后渐变白色；花萼长约6毫米；花瓣长约1厘米。荚果厚革质，无翅和果颈，喙粗大。花期2～3月，果期9～10月。与紫荆主要区别在于，后者为灌木，花紫红或粉红色，果实具翅，喙细而弯曲，不裂。

利用价值： 常做观赏性树木栽培在路旁或庭园中。

校园分布： 位于金明校区药学院以南林中。

花语：兄弟和睦，家业兴旺。

96.

皂荚 *Gleditsia sinensis* Lam.
豆科 Fabaceae   皂荚属 *Gleditsia* J. Clayton

物种特征：落叶乔木，高达30米。刺圆柱形，常分枝，长达16厘米。叶为偶数羽状复叶，小叶具细锯齿，中脉在基部稍歪斜，上面网脉明显。花杂性，黄白色，组成5～14厘米长的总状花序；雄花径0.9～1厘米，萼片4，长3毫米，两面被柔毛，花瓣4，长4～5毫米，被微柔毛；退化雌蕊长2.5毫米。荚果带状，肥厚，长12～37厘米，劲直，两面膨起。花期3～5月，果期5～12月。

利用价值：荚、子、刺均入药，有祛痰通窍、镇咳利尿、消肿排脓、杀虫治癣之效。

校园分布：校园散生。如，金明校区化学化工学院南小广场中央1株，中州路（环路）西南角外侧1株。

畿县尘埃不可论，故山乔木尚能存。不绿去垢须青荚，自爱苍鳞百岁根。
——宋·张耒《东斋杂咏·皂荚》

97.

少花米口袋 *Gueldenstaedtia verna* (Georgi) Boriss.

豆科 Fabaceae　米口袋属 *Gueldenstaedtia* Fisch.

物种特征： 多年生草本，主根直下，茎具宿存托叶。托叶三角形，基部合生；叶柄具沟，被白色疏柔毛；小叶 7~19 片，两面被疏柔毛，有时上面无毛。伞形花序有花 2~4 朵，总花梗约与叶等长；苞片长三角形；花梗长 0.5~1 毫米；小苞片线形，长约为萼筒的1/2；花萼钟状，被白色疏柔毛；花冠红紫色，旗瓣卵形，先端微缺，基部渐狭成瓣柄，翼瓣瓣片倒卵形具斜截头，具短耳，龙骨瓣瓣片倒卵形；子房被柔毛。荚果长圆筒状。种子圆肾形，具不深凹点。花期 5 月，果期 6~7 月。

利用价值： 全草作为紫花地丁入药。

校园分布： 校园偶见。如，金明校区药学院以南林中草地上。

98. 兴安胡枝子 *Lespedeza davurica* (Laxm.) Schindl.

豆科 Fabaceae　　胡枝子属 *Lespedeza* Michx.

物种特征：小灌木，高达1米，分枝稀少。3小叶复叶，叶柄长1～2厘米；小叶长圆形或窄长圆形，长2～5厘米，宽0.5～1.6厘米，先端圆或微凹，有小刺尖，基部圆，上面无毛，下面被贴伏短柔毛。总状花序较叶短或与叶等长，花序梗密被短柔毛；花萼5深裂，裂片披针形，与花冠近等长；花冠白或黄白色，中央稍带紫色。荚果小，倒卵形或长倒卵形，先端有刺尖，被柔毛，藏于宿存花萼内。花期7～8月，果期9～10月。

利用价值：为优良的饲用植物，幼嫩枝条各种家畜均喜食，亦可做绿肥。

校园分布：金明校区经济学院西侧路边草地上。

花语：害羞，沉思，优雅美丽却又那样孤寂。

99.

天蓝苜蓿 *Medicago lupulina* L.

豆科 Fabaceae 苜蓿属 *Medicago* L.

物种特征： 一、二年生或多年生草本。全株被柔毛或有腺毛，茎平卧或上升，多分枝。羽状三出复叶；托叶卵状披针形，常齿裂；小叶两面均被毛，侧脉近10对。花序小头状，具花10～20朵，总花梗细，比叶长，密被贴伏柔毛；苞片刺毛状，甚小；花冠黄色，旗瓣近圆形，顶端微凹。荚果肾形，表面具同心弧形脉纹，被稀疏毛，熟时变黑。种子1粒，种子卵形，褐色，平滑。花期7～9月，果期8～10月。与小苜蓿主要区别在于，后者花序具花3～6（～8），荚果螺旋呈球形，被长棘刺。

利用价值： 草质优良，富含粗蛋白质，动物必需氨基酸，常作为动物饲料。

校园分布： 较园常见杂草。如，金明校区教育学部东侧花坛中，下沉广场周围花坛中等处。

苜蓿来西戎，蒲萄亦既随。胡人初未惜，汉使始能持。

——宋·梅尧臣《咏苜蓿》

100.

小苜蓿 *Medicago minima* (L.) Grufberg
豆科 Fabaceae   苜蓿属 *Medicago* L.

物种特征： 一年生草本，高 5～30 厘米。茎铺散，平卧并上升，基部多分枝。全株被伸展柔毛，偶杂有腺毛。羽状三出复叶；托叶卵形，先端锐尖，基部圆，全缘或具不明显的浅齿。花序头状，腋生，具 3～8 花；花序梗通常比叶长，有时甚短。荚果球形，旋转 3～5 圈，边缝具 3 条棱，被长棘刺，水平伸展，尖端钩状，每圈有 1～2 长肾形种子。花期 3～4 月，果期 4～5 月。与天蓝苜蓿主要区别在于，后者花序具花 10～20，荚果肾形，疏被毛。

利用价值： 栽培作观赏用。

校园分布： 校园常见杂草。如，金明校区教育学部东侧花坛中，下沉广场周围花坛中等处。

<blockquote>
苜蓿峰边逢立春，胡芦河上泪沾巾。闺中只是空相忆，不见沙场愁杀人。
——唐·岑参《题苜蓿峰寄家人》
</blockquote>

101.

紫苜蓿 *Medicago sativa* L.
豆科 Fabaceae　苜蓿属 *Medicago* L.

物种特征： 多年生草本，高0.3～1米。茎直立，丛生以至平卧，四棱形，无毛或微被柔毛。羽状三出复叶；托叶大，卵状披针形；叶柄比小叶短，小叶上面无毛，下面被贴伏柔毛。花序总状或头状，长1～2.5厘米，具5～10花；花序梗比叶长。荚果螺旋状紧卷2～6圈，径5～9毫米，脉纹细，不清晰，有10～20粒种子。种子卵圆形，平滑。花期5～7月，果期6～8月。

利用价值： 广泛种植作为饲料与牧草。

校园分布： 位于金明校区综合教学楼东侧湖中小岛及湖的北岸和东岸上。

白发千茎雪，寒窗懒著书。最怜吟苜蓿，不及向桑榆。

——唐·戴叔伦《口号》

102.

草木樨 *Melilotus officinalis* (L.) Lam.
豆科 Fabaceae   草木樨属 *Melilotus* (L.) Mill.

物种特征： 二年生草本。茎直立，具纵棱，多分枝。羽状三出复叶，托叶镰状线形，小叶长15～25毫米，宽5～15毫米，边缘具不整齐疏浅齿。花长3.5～7毫米，花冠黄色，旗瓣倒卵形，与翼瓣近等长，龙骨瓣稍短或三者均近等长。棕黑色荚果卵形，先端具宿存花柱，表面具凹凸不平的横向细网纹。种子1～2粒，黄褐色，卵形。花期5～9月，果期6～10月。

利用价值： 地上部分药用，有止咳平喘、散结止痛之功效。

校园分布： 草地偶见。如，金明校区生命科学学院北侧和化学化学化工学院后路北。

花语：魅力。

103.

白花草木樨 *Melilotus albus* Desr.
豆科 Fabaceae　草木樨属 *Melilotus* (L.) Mill.

物种特征： 一、二年生草本，高可达2米。茎圆柱形，中空直立多分枝。羽状三出复叶，具尖刺状锥形托叶，小叶片长圆形，或倒披针状长圆形，上面无毛，下面有细柔毛。总状花序腋生，花冠白色，花梗短，花萼钟形。荚果椭圆形至长圆形。种子棕色卵形，表面具细瘤点。花期5～7月，果期7～9月。

利用价值： 优良的饲料植物与绿肥植物。

校园分布： 位于金明校区作物逆境适应与改良国家重点实验室东围墙外。

花语：谦虚，真实，美好，沉醉，谦逊。

104.

槐 *Styphnolobium japonicum* (L.) Schott
豆科 Fabaceae　　槐属 *Styphnolobium* Schott

物种特征： 乔木，高达 25 米。树皮灰褐色，纵裂。当年生枝绿色，无毛。叶轴初被疏柔毛；叶柄基部膨大，包裹着芽；托叶早落；小叶纸质，卵状披针形或卵状长圆形。圆锥花序顶生；小苞片 2 枚，花萼浅钟状，花冠乳白或黄白色，具短爪。荚果串珠状。种子间排列较紧密，卵圆形，淡黄绿色，干后褐色。花期 7～8 月，果期 8～10 月。图 a、图 b、图 c 为槐，图 d 为该种一品种龙爪槐（*Styphnolobium japonicum* 'Pendula'），其主要区别为枝弯曲盘旋，形似龙爪。

利用价值： 花和荚果入药，可止血降压；叶和根皮可治疗疮毒；木材供建筑用。

校园分布： 槐见于药学院门前两侧；龙爪槐于校园散生，如，金明校区综合教学楼东侧路东。

> 万户伤心生野烟，百僚何日更朝天。秋槐叶落空宫里，凝碧池头奏管弦。
> ———唐·王维《凝碧池》

105.

刺槐 *Robinia pseudoacacia* L.
豆科 Fabaceae　　刺槐属 *Robinia* L.

物种特征： 落叶乔木。羽状复叶，叶轴具沟槽，有托叶刺。总状花序腋生，花冠白色，花瓣具瓣柄，旗瓣反折；花萼斜钟状，花柱上弯，顶端具毛。荚果褐色，或具红褐色斑纹。种子褐色。花期4～6月，果期8～9月。图a、图b、图c为刺槐，图d为该种下一品种扭枝刺槐（*R. pseudoacacia* 'Tortuosa'），其主要区别为枝条扭曲盘旋如龙须。与毛洋槐主要区别在于，后者小枝密被褐色刚毛，无托叶刺，花序轴、花萼均密被紫红色腺毛及白色细柔毛，花冠红色至玫瑰红色。

利用价值： 优良固沙保土和绿化树种；其叶为优良畜禽饲料。

校园分布： 刺槐见于金明校区商学院西侧等多处，扭枝刺槐于综合楼5号楼东侧路东林中有1株。

青青高槐叶，采掇付中厨。新面来近市，汁滓宛相俱。

——唐·杜甫《槐叶冷淘》

106.

毛洋槐 *Robinia hispida* L.
豆科 Fabaceae   刺槐属 *Robinia* L.

物种特征：落叶灌木，高1～3米。幼枝绿色，密被紫红色硬腺毛及白色曲柔毛，二年生枝深灰褐色，密被褐色刚毛，毛长2～5毫米。羽状复叶长15～30厘米；叶轴被刚毛及白色短曲柔毛，上面有沟槽。总状花序腋生，除花冠外，均被紫红色腺毛及白色细柔毛，花3～8朵；总花梗长4～8.5厘米。荚果线形，长5～8厘米，宽8～12毫米，扁平，密被腺刚毛，先端急尖，果颈短，有种子3～5粒。花期5～6月，果期7～10月。与刺槐主要区别在于，后者具托叶刺，花冠白色。

利用价值：树冠浓密，花大，色艳，散发芳香，观赏价值高。

校园分布：位于金明校区商学院西侧林中2株。

黄昏独立佛堂前，满地槐花满树蝉。大抵四时心总苦，就中肠断是秋天。
——唐·白居易《暮立》

107.

白车轴草 *Trifolium repens* L.
豆科 Fabaceae　　车轴草属 *Trifolium* L.

物种特征： 多年生草本。高10～30厘米，全株无毛。茎匍匐蔓生，上部稍上升，节上生根。掌状三出复叶；托叶卵状披针形，基部抱茎成鞘状，离生部分锐尖；小叶倒卵形或近圆形。花序球形，顶生，径1.5～4厘米，具20～50密集的花；花萼钟形，具10条脉纹，萼齿5，披针形，稍不等长，短于萼筒，萼喉开张，无毛；花冠白、乳黄或淡红色，具香气。荚果长圆形，种子常3。花果期5～10月。

利用价值： 优良牧草，含丰富的蛋白质和矿物质。

校园分布： 位于金明校区下沉广场东侧。

花语：幸运。

108.

蚕豆 *Vicia faba* L.
豆科 Fabaceae　野豌豆属 *Vicia* L.

物种特征： 一年生草本。主根短粗，根瘤密集。茎直立，具4棱，高0.3～1.2米。偶数羽状复叶，小叶通常1～3对，全缘，互生；卷须短，托叶微有锯齿，具深紫色密腺点。总状花序腋生，花2～4簇生，花冠白色，具紫色脉纹及黑色斑晕，长2～3.5厘米，旗瓣中部两侧溢缩，翼瓣短于旗瓣，龙骨瓣短于翼瓣。绿色荚果成熟后变为黑色，长方圆形种子2～4。花期4～5月，果期5～6月。

利用价值： 人类最早栽培的豆类作物之一，民间药用治疗高血压和浮肿。

校园分布： 位于金明校区生命科学学院东侧实验田及棉花生物学国家重点实验室南侧小菜园。

世事枯棋谁胜负，故人秋柳半萧疏。闲来手种山蚕豆，踏破青苔带雨锄。
——清·张瑞玑《都中友人函招作诗答之·其一》

109.

救荒野豌豆 *Vicia sativa* Guss. subsp. *sativa*

豆科 Fabaceae　野豌豆属 *Vicia* L.

物种特征：一年生或二年生草本。茎单一或多分枝，具棱，被微柔毛。偶数羽状复叶，叶轴顶端卷须有 2～3 分支；托叶戟形；小叶 2～7 对，先端圆或平截有凹，具短尖头。花常 1～2，腋生，近无梗；萼钟形；花冠紫红色或红色，旗瓣先端圆，微凹，中部缢缩，翼瓣短于旗瓣，长于龙骨瓣；子房具短柄，花柱上部被髯毛。荚果表皮常土黄色，果瓣扭曲。种子 4～8，棕色或黑褐色，种脐长相当于种子圆周 1/5。花期 4～7 月，果期 7～9 月。与窄叶野豌豆主要区别在于，后者小叶 4～6 对，线形或线状长圆形，先端平截或微凹，托叶半箭头形或披针形，果皮黑色。

利用价值：绿肥及优良牧草；全草药用。

校园分布：校园常见杂草，常成片生长。

花语：碎碎念的爱。

110.

窄叶野豌豆 *Vicia sativa* Guss. subsp. *nigra* (L.) Ehrh.
豆科 Fabaceae　野豌豆属 *Vicia* L.

物种特征： 一年生或二年生草本。茎斜升、蔓生或攀援，多分支，被疏柔毛。偶数羽状复叶，叶轴顶端卷须发达；托叶半箭头形或披针形，有2～5齿，被微柔毛；叶两面被疏柔毛。花1～2，腋生，有小苞叶；花萼钟形，萼齿5，外面被柔毛；花冠红色或紫红色。荚果长线形，微弯；种皮黑褐色，革质，种脐线形，长相当于种子圆周1/6。花期3～6月，果期5～9月。与救荒野豌豆主要区别在于，后者小叶2～7对，长椭圆形或近心形，先端圆或平截有凹，托叶戟形，果皮常土黄色。

利用价值： 做绿肥及牧草，亦为早春蜜源及观赏绿篱等。

校园分布： 校园常见大片生长。如，金明校区生命科学学院实验田，中州路东段偏南路西林中。

111.

小巢菜 *Vicia hirsuta* (L.) Gray
豆科 Fabaceae　野豌豆属 *Vicia* L.

物种特征： 一年生草本，攀援或蔓生。茎细柔有棱，近无毛。偶数羽状复叶末端卷须分支；托叶线形，基部有 2～3 裂齿；小叶 4～8 对，线形或狭长圆形，无毛。总状花序明显短于叶；花萼钟形，萼齿披针形；花常 2～4 密集于花序轴顶端，花甚小；花冠白色、淡蓝青色或紫白色，稀粉红色，旗瓣椭圆形，先端平截有凹，翼瓣近勺形，与旗瓣近等长，龙骨瓣较短。荚果长圆菱形，表皮密被棕褐色长硬毛。种子 2，扁圆形。花果期 2～7 月。与救荒野豌豆主要区别在于，后者小叶 2～7 对，托叶戟形，花 2，近无柄，生于叶腋处。

利用价值： 绿肥及饲料，牲畜喜食；全草入药，有活血、平胃、明目、消炎等功效。

校园分布： 校园偶见成片生长。如，金明校区药学院以南林中。

冷落无人佐客庖，庾郎三九困讥嘲。此行忽似蟆津路，自候风炉煮小巢。
——宋·陆游《巢菜》

112.

藤萝 *Wisteria villosa* Rehder
豆科 Fabaceae　　紫藤属 *Wisteria* Nutt.

物种特征：落叶藤本。当年生枝粗壮，密被灰色柔毛。羽状复叶长 15～32 厘米，小叶 4～5 对，纸质，卵状长圆形或椭圆状长圆形，上面疏被白色柔毛，下面毛较密，不脱落。总状花序生于枝端，下垂，长 30～35 厘米；苞片卵状椭圆形，长约 10 毫米；花萼浅杯状，内外均被绒毛；花冠堇青色，旗瓣圆形，具瓣柄。荚果倒披针形，密被褐色绒毛，种子 3 粒，褐色，圆形。花期 5 月上旬，果期 5～8 月。

利用价值：优良的观花藤本植物。

校园分布：位于金明校区 7 号教学楼北园中长廊。

113.

木瓜 *Pseudocydonia sinensis* (Thouin) C. K. Schneid.
蔷薇科 Rosaceae　　木瓜属 *Pseudocydonia* (C. K. Schneid.) C. K. Schneid.

物种特征：灌木或小乔木，树皮片状脱落。叶片椭圆卵形或椭圆长圆形，稀倒卵形，先端急尖，基部宽楔形或圆形，边缘有刺芒状尖锐锯齿，齿尖有腺。花单生于叶腋，花梗短粗无毛，萼筒钟状外面无毛，萼片三角披针形，长 6～10 毫米，先端渐尖，边缘有腺齿，外面无毛，内面密被浅褐色绒毛，反折；花瓣倒卵形，淡粉红色。果实长椭圆形，长 10～15 厘米，暗黄色，木质，味芳香，果梗短。花期 4 月，果期 9～10 月。

利用价值：习见栽培供观赏；入药有解酒、去痰、顺气、止痢之效。

校园分布：校园多处散生。如，金明校区教育学部以南林中，曾宪梓楼后林中等处。

寒多草亦未抽芽，漫说春今一半加。试向小园闲点检，忽逢一树木瓜花。
————宋·赵蕃《春日杂言十一首》

114.

贴梗海棠 *Chaenomeles speciosa* (Sweet) Nakai

蔷薇科 Rosaceae　　木瓜海棠属 *Chaenomeles* Lindl.

物种特征：落叶灌木，枝条直立开展，有刺。叶卵形至椭圆形，长3～9厘米，具尖锐锯齿；托叶草质，长0.5～1厘米，有尖锐重锯齿，无毛。花先叶开放，3～5簇生于二年生老枝；花梗粗，长约3毫米或近无柄；花径3～5厘米；花瓣猩红色，稀淡红或白色，倒卵形或近圆形；雄蕊45～50；花柱5，基部合生。果球形或卵球形，径4～6厘米，黄或带红色。花期3～5月，果期9～10月。

利用价值：良好的观花、观果花木；果实含苹果酸、酒石酸、丙种维生素等，可入药。

校园分布：校园常见栽培。如，金明校区教育学部南侧林中，教苑餐厅对面"海棠园"中等处。

木瓜诚有报，玉楮论无实。已矣直躬者，平生壮图失。
——唐·张九龄《叙怀二首》

115.

山楂 *Crataegus pinnatifida* Bunge
蔷薇科 Rosaceae　　山楂属 *Crataegus* L.

物种特征： 落叶乔木，高达 6 米。刺长约 1～2 厘米，有时无刺。叶宽卵形或三角状卵形，稀菱状卵形，先端短渐尖，基部截形至宽楔形，羽状深裂片 3～5 对，裂片卵状披针形或带形；叶柄长 2～6 厘米；托叶草质，镰形，边缘有锯齿。伞形花序具多花，径 4～6 厘米；花梗和花序梗均被柔毛，花后脱落；花梗长 4～7 毫米；苞片线状披针形；花瓣白色，倒卵形或近圆形。果近球形或梨形，深红色，小核 3～5。花期 5～6 月，果期 9～10 月。

利用价值： 可栽培作绿篱和观赏树；干制后入药，有健胃、消积化滞、舒气散瘀之效。

校园分布： 位于金明校区光伏材料省重点实验室北侧林中。

花语：克服所有困难。

116.

枇杷 *Eriobotrya japonica* (Thunb.) Lindl.
蔷薇科 Rosaceae　枇杷属 *Eriobotrya* Lindl.

物种特征：常绿小乔木。叶片革质，披针形、倒披针形、倒卵形或椭圆长圆形。圆锥花序顶生，萼筒浅杯状，萼片三角卵形；花瓣白色，长圆形或卵形；雄蕊20，远短于花瓣；花柱5，离生，柱头头状，子房顶端有锈色柔毛，5室，每室有2胚珠。果实球形或长圆形，黄色或橘黄色，外有锈色柔毛，不久脱落。种子1～5，球形或扁球形，褐色，光亮，种皮纸质。花期10～12月，果期5～6月。

利用价值：美丽观赏树木；果可食用，可入药，有化痰止咳、和胃降气之效。

校园分布：校园常见散生。如，金明校区特种功能材料重点实验室门东侧及路南林中。

击碎珊瑚小作珠，铸成金弹蜜相扶。罗襦襟解春葱手，风露气凉冰玉肤。

———宋·方岳《枇杷》

117.

草莓 *Fragaria* × *ananassa* Duch.
蔷薇科 Rosaceae　草莓属 *Fragaria* L.

物种特征： 多年生草本植物，高 10～40 厘米。叶三出，小叶具短柄，质地较厚，倒卵形或菱形，上面深绿色，几乎无毛，下面淡白绿色，疏生毛，沿脉的部分毛较密。聚伞花序，花序下面具一短柄的小叶，花两性，白色花瓣近圆形或倒卵椭圆形。聚合瘦果，宿存副萼片果时扩大，萼片直立，紧贴于果实。花期 4～5 月，果期 6～7 月。

利用价值： 果实可食用，营养价值高，且有保健功效。

校园分布： 位于金明校区生命科学学院东侧实验田。

秦王筑城三千里，西自临洮东辽水。山边叠叠黑云飞，海畔莓莓青草死。
——宋·王宏《从军行·其四》

118.

棣棠花 *Kerria japonica* (L.) DC.
蔷薇科 Rosaceae 棣棠花属 *Kerria* DC.

物种特征： 落叶灌木，高1～3米。小枝绿色，常拱垂。叶互生，三角状卵形或卵圆形，顶端长渐尖，基部圆形、截形或微心形，边缘有尖锐重锯齿，两面绿色，上面无毛或有稀疏柔毛，下面沿脉或脉腋有柔毛。花单生于当年生侧枝顶端，花梗无毛；花直径2.5～6厘米；萼片卵状椭圆形，顶端急尖，有小尖头，全缘，无毛，果时宿存；花瓣黄色，比萼片长1～4倍。瘦果倒卵形至半球形，褐色或黑褐色，表面无毛，有皱褶。花期4～6月，果期6～8月。

利用价值： 茎髓作为通草代用品入药，有催乳、利尿之效。

校园分布： 位于金明校区北苑餐厅西门斜对面绿篱内侧。

花语：高贵。

119.

西府海棠 *Malus* × *micromalus* Makino
蔷薇科 Rosaceae   苹果属 *Malus* Mill.

物种特征：小乔木。树枝直立性强，小枝紫红色或暗褐色，具稀疏皮孔。叶片长椭圆形，叶边锯齿稍锐。伞形总状花序，有花4～7朵，集生于小枝顶端；萼筒外面密被白色长绒毛，萼片三角卵形，先端急尖或渐尖，全缘，内面被白色绒毛，外面较稀疏，萼片与萼筒等长或稍长；花瓣近圆形，粉红色。果实近球形，大小颜色因品种不同。花期4～5月，果期8～9月。

利用价值：因树姿直立，花朵密集，常做观赏树；因果味酸甜，常做栽培的果树。

校园分布：校园常见。如，金明校区教育学部南侧园中，教苑餐厅对面"海棠园"中等处。

堪爱晚来韶景甚，宝柱秦筝方再品。青娥红脸笑来迎，又向海棠花下饮。
——唐·韦庄《玉楼春》

120.

垂丝海棠 *Malus halliana* **Koehne**

蔷薇科 Rosaceae　　苹果属 *Malus* Mill.

物种特征：落叶小乔木，高达5米。树冠疏散，枝开展。叶片卵形或椭圆形至长椭圆形，先端长渐尖，基部楔形至近圆形，质较厚实，表面有光泽。伞房花序，具花4～6朵；花梗细弱下垂；萼片三角卵形，先端钝，全缘，外面无毛，内面密被绒毛，与萼筒等长或稍短；花瓣倒卵形，粉红色，常在5数以上；雄蕊20～25枚。果实梨形或倒卵形，略带紫色，成熟很迟，萼片脱落。花期3～4月，果期9～10月。

利用价值：可用作观赏；果酸甜可食，且有一定药用价值，可调经和血，主治血崩。

校园分布：校园常见。如，金明校区教科院南边林中，教苑餐厅对面"海棠园"。

东风袅袅泛崇光，香雾空蒙月转廊。只恐夜深花睡去，故烧高烛照红妆。

——宋·苏轼《海棠》

121.

北美海棠 *Malus* 'American'

蔷薇科 Rosaceae　苹果属 *Malus* Mill.

物种特征：北美海棠是苹果属中一些果实较小（直径小于5厘米），并具有较高观赏价值种类的总称，包括多个种及种下变种和品种，由美国、加拿大选育，多为自交变异种。常为落叶小乔木。株高可达5至7米，呈圆丘状，或整株直立呈垂枝状。树干有光泽，分枝多变，互生、直立、悬垂等，无弯曲枝。花量大，花色多，有白、粉或红色，多有香气；花萼红、黄或橙色。果实形状大小、颜色因种或品种不同而异。花期4月上旬，果期7至8月，宿存果的观赏期可一直持续到翌年3至4月份。

利用价值：色彩丰富，观赏价值高，是较好的观赏园林树种。

校园分布：位于金明校区曾宪梓楼北侧。

　　　　二月巴陵日日风，春寒未了怯园公。海棠不惜胭脂色，独立蒙蒙细雨中。

——宋·陈与义《春寒》

122.

湖北海棠 *Malus hupehensis* (Pamp.) Rehder
蔷薇科 Rosaceae　苹果属 *Malus* Mill.

物种特征： 乔木，可高达 8 米。冬芽卵圆形，鳞片边缘疏生短柔毛。叶边缘有细锐锯齿，常紫红色；叶柄与叶均幼时疏生柔毛，渐脱落；托叶早落。伞房花序，花 4～6；花梗无毛或稍有长柔毛；苞片膜质，披针形，早落；萼筒外面无毛或稍有长柔毛，萼片三角状卵形，外面无毛，内面有柔毛；花瓣粉白或近白色，倒卵形；花柱 3，基部有长绒毛，稍长于雄蕊。果椭圆形或近球形，黄绿色，稍带红晕，萼片脱落。花期 4～5 月，果期 8～9 月。

利用价值： 观赏树种；嫩叶晒干作茶叶代用品。

校园分布： 位于金明校区地理与环境学院南中州路南绿篱内侧，综合教学楼 1 号楼北侧 1 株。

烟雨海棠花，春夜沈沈酌。寒食清明数日间，人也须行乐。
　　　　　　　　　　——宋·韩淲《卜算子·烟雨海棠花》

123.

海棠花 *Malus spectabilis* (Ait.) Borkh.

蔷薇科 Rosaceae　苹果属 *Malus* Mill.

物种特征： 乔木，可高达8米。叶边缘有紧贴细锯齿，幼时两面有稀疏短柔毛，老叶无毛；叶柄具短柔毛，托叶早落。花序近伞形，有花4～6，花梗具柔毛；苞片早落；萼筒外面无毛或有白色绒毛，萼片外面无毛或偶有稀疏绒毛，内面密被白色绒毛；花瓣基部有短爪，白色，在芽中呈粉红色；雄蕊20～25，花丝长短不等；花柱5，稀4，比雄蕊稍长。果实近球形，黄色，萼片宿存，基部不下陷，梗洼隆起；果梗细长，长3～4厘米。花期4～5月，果期8～9月。

利用价值： 多作为园艺观赏类植株。

校园分布： 位于金明校区基础医学院门前。

一从梅粉褪残妆，涂抹新红上海棠。开到荼蘼花事了，丝丝天棘出莓墙。

——宋·王淇《春暮游小园》

124.

花红 *Malus asiatica* Nakai
蔷薇科 Rosaceae 苹果属 *Malus* Mill.

物种特征：落叶小乔木。老枝暗紫褐色，无毛，有稀疏浅色皮孔。叶缘有细锐锯齿，上面有短柔毛，渐脱落，下面密被短柔毛。伞形花序，花粉红色；花梗密被柔毛；萼筒钟状，其外面及萼片内外两面均密被柔毛，萼片比萼筒稍长；花瓣倒卵形或长圆倒卵形，基部有短爪，淡粉色；雄蕊17～20；花柱4（～5），比雄蕊较长。果实球形，黄色或红色，先端渐狭，不具隆起，基部陷入，宿存萼肥厚隆起。花期4～5月，果期8～9月。

利用价值：具有观赏价值；可加工制成果干、果丹皮或用于酿酒。

校园分布：位于金明校区教苑餐厅对面"海棠园"中。

枝间新绿一重重，小蕾深藏数点红。爱惜芳心莫轻吐，且教桃李闹春风。
——金·元好问《同儿辈赋未开海棠》

125.

毛山荆子 *Malus mandshurica* (Maxim.) Kom. ex Juz.
蔷薇科 Rosaceae　苹果属 *Malus* Mill.

物种特征：乔木，高达 15 米。小枝紫褐色或暗褐色。叶片卵形、椭圆形至倒卵形，叶柄具稀疏短柔毛，托叶早落。伞形花序，具花 3～6，无总梗；花梗有疏生短柔毛；苞片早落；萼筒外面有疏生短柔毛，萼片内面被绒毛，比萼筒稍长；花瓣基部有短爪，白色；雄蕊 30，花丝长短不齐；花柱 4，稀 5，较雄蕊稍长。果实椭圆形或倒卵形，直径 8～12 毫米，红色，萼片脱落。花期 5～6 月，果期 8～9 月。

利用价值：常栽培作苹果或花红等果树砧木，也可供观赏。

校园分布：位于金明校区药学院与护理与健康学院以南林中。

故园今日海棠开，梦入江西锦绣堆。万物皆春人独老，一年过社燕方回。
——宋·杨万里《春晴怀故园海棠二首·其一》

126.

苹果 *Malus pumila* Mill.
蔷薇科 Rosaceae　苹果属 *Malus* Mill.

物种特征： 小乔木，多具圆形树冠。小枝短而粗，圆柱形，幼嫩时密被绒毛，老枝紫褐色，无毛。叶片椭圆形、卵形至宽椭圆形，边缘具有圆钝锯齿，长成后上面无毛。伞房花序，具花3～7，密被绒毛；苞片膜质；萼筒外面密被绒毛，萼片内外两面均密被绒毛；花瓣倒卵形，白色；雄蕊20，花柱5，下半部密被灰白色绒毛，较雄蕊稍长。果实扁球形，先端常有隆起，萼洼下陷，萼片永存，果梗短粗。花期5月，果期7～10月。

利用价值： 我国主要水果之一，其果实具有较高的营养价值。

校园分布： 位于金明校区药学院路南林中，教苑餐厅对面"海棠园"中等处。

春教风景驻仙霞，水面鱼身总带花。人世不思灵卉异，竟将红缬染轻沙。
——唐·薛涛《海棠溪》

叁·被子植物

127.

楸子 *Malus prunifolia* (Willd.) Borkh.
蔷薇科 Rosaceae 苹果属 *Malus* Mill.

物种特征： 小乔木。嫩枝密被短柔毛，老枝无毛。叶卵形或椭圆形，有细锐锯齿，幼时两面中脉及侧脉具柔毛，渐脱落，仅下面中脉稍具短柔毛或近无毛。近伞房花序，花4～10；花梗长2～3.5厘米，被短柔毛；苞片早落；萼筒外面被柔毛，萼片两面均被柔毛，萼片比萼筒长；花瓣基部有短爪，白色，含苞未放时粉红色。果卵圆形，径2～2.5厘米，红色，顶端渐窄，稍隆起，萼洼微突，宿萼肥厚，果柄细长。花期4～5月，果期8～9月。

利用价值： 苹果的优良砧木，也可供食用及加工。

校园分布： 位于金明校区北苑餐厅西门对面路边1株。

幽态竟谁赏，岁华空与期。鸟回香尽处，泉照艳浓时。

——唐·温庭筠《题磁岭海棠花》

128.

山荆子 *Malus baccata* (L.) Borkh.
蔷薇科 Rosaceae　苹果属 *Malus* Mill.

物种特征：乔木，高达 10～14 米。幼枝细弱无毛，红褐色，老枝暗褐色。叶片边缘有细锐锯齿；叶柄幼时有短柔毛及少数腺体，不久即全部脱落，无毛；托叶早落。伞形花序，具花 4～6，无总梗；花梗细长，无毛；苞片早落；萼筒外面无毛，萼片外面无毛，内面被绒毛，长于萼筒；花瓣基部有短爪，白色；雄蕊 15～20；花柱 5 或 4，基部有长柔毛，较雄蕊长。果实近球形，红色或黄色；果梗细长。花期 4～6 月，果期 9～10 月。
利用价值：嫩叶可代茶；还可作家畜饲料；也可作培育耐寒苹果品种的原始材料。
校园分布：位于金明校区药学院以南林中几株散生，北苑餐厅西门对面 1 株。

> 淡淡微红色不深，依依偏得似春心。烟轻虢国颦歌黛，露重长门敛泪衿。
> ——唐·刘兼《海棠花》

129.

石楠 *Photinia serratifolia* (Desf.) Kalkman
蔷薇科 Rosaceae　　石楠属 *Photinia* Lindl.

物种特征： 常绿灌木或小乔木，高4～6米，有时可达12米。枝褐灰色，无毛。叶片革质，长椭圆形、长倒卵形或倒卵状椭圆形，先端尾尖，幼时中脉有绒毛，成熟后两面皆无毛。复伞房花序顶生；总花梗和花梗无毛，花密生；萼筒杯状，无毛，萼片5，阔三角形，无毛；花瓣5，白色，近圆形；花药带紫色。果实球形，红色，后成褐紫色。种子卵形，棕色，平滑。花期4～5月，果期10月。与红叶石楠主要区别在于，后者小枝紫褐色，幼叶红色，老时变绿。

利用价值： 常见的栽培树种；叶和根供药用。

校园分布： 校园常见。如，位于金明校区图书馆前广场周围，教育学部南侧园中等处。

留得行人忘却归，雨中须是石楠枝。明朝独上铜台路，容见花开少许时。

——唐·王建《看石楠花》

130.

红叶石楠 *Photinia* × *fraseri* Dress

蔷薇科 Rosaceae　　石楠属 *Photinia* Lindl.

物种特征：常绿小乔木或灌木，高达 4～6 米。小枝紫褐色，无毛。叶互生，幼时红色，后变绿；叶片革质，长圆形至倒卵状、披针形，长 9～22 厘米，宽 3～6.5 厘米，叶端渐尖，叶基楔形，边缘有疏生腺齿，无毛。花多而密，复伞房花序，花白色。果球形，径 5～6 毫米，红色或褐紫色。5～7 月开花，9～10 月结果。与石楠主要区别在于，后者小枝褐灰色，幼叶红色，很快变绿。

利用价值：叶片红艳亮丽，枝叶耐修剪，可根据园林需要栽培成不同的树形，景观效果美丽。

校园分布：校园多处栽培。如，金明校区志义体育场门前，校大西门前等处。

石楠红叶透帘春，忆得妆成下锦茵。试折一枝含万恨，分明说向梦中人。

——唐·权德舆《石楠树》

131.

朝天委陵菜 *Potentilla supina* L.
蔷薇科 Rosaceae　　委陵菜属 *Potentilla* L.

物种特征：一或二年生草本，高 20～50 厘米。基生叶与茎生叶相似，为羽状复叶，最上面 1～2 对小叶基部下延与叶轴合生，边缘有锯齿。花茎下部花自叶腋生，顶端呈伞房状聚伞花序，萼片 5，花瓣 5，黄色，雄蕊雌蕊多数。瘦果长圆形。花果期 3～10 月。图 a、图 b、图 c 为朝天委陵菜，图 d 为该种下一变种三叶朝天委陵菜（*Potentilla supina* var. *ternata* Peterm.），与原变种的主要区别为植株分枝极多，矮小铺地或微上升，稀直立；基生叶有小叶 3 枚，常 2～3 深裂或不裂。

利用价值：全株入药，具有清热利湿、收敛止血、止咳化痰等功效。

校园分布：草地少见。如，金明校区基础实验中心北侧草地。

132.

绢毛匍匐委陵菜 *Potentilla reptans* L. var. *sericophylla* Franch.
蔷薇科 Rosaceae　　委陵菜属 *Potentilla* L.

物种特征： 多年生匍匐草本。根多分枝，常具纺锤状块根；匍匐枝节上生不定根，被稀疏柔毛或脱落几无毛。叶为三出掌状复叶，边缘两个小叶浅裂至深裂，稀有不裂者，小叶下面及叶柄伏生绢状柔毛，稀脱落被稀疏柔毛。单花自叶腋生或与叶对生，花梗长，被疏柔毛；萼片5，副萼片与萼片近等长，果时显著增大；花瓣黄色，顶端显著下凹，比萼片稍长；花柱近顶生。瘦果黄褐色，外面被显著点纹。花果期6～8月。与原变种匍匐委陵菜的主要区别在于，后者基生叶为鸟足状五出复叶，小叶上面几无毛，叶柄被疏柔毛或近无毛。

利用价值： 药用可清热解毒、收敛止血，治腹泻和内出血。

校园分布： 位于金明校区光伏材料省重点实验室北侧双兰路路北林中草地。

133.

蛇莓 *Duchesnea indica* (Andr.) Focke
蔷薇科 Rosaceae　蛇莓属 *Duchesnea* Sm.

物种特征： 多年生草本。根茎短，粗壮，匍匐茎多数，有柔毛。三出复叶，小叶片边缘有钝锯齿，具小叶柄，叶柄有柔毛。花单生于叶腋；花梗有柔毛，萼片卵形，外面有散生柔毛；副萼片叶状，比萼片长，先端常具3～5锯齿；花瓣倒卵形，黄色；心皮多数，离生；花托在果期膨大，海绵质，鲜红色，有光泽，直径10～20毫米，外面有长柔毛。瘦果卵形，长约1.5毫米，光滑或具不显明突起，鲜时有光泽。花期6～8月，果期8～10月。

利用价值： 全草供药用，有清热解毒、活血散瘀、收敛止血等作用。

校园分布： 校园背阴处或林下常见。如，金明校区化学化学化工学院楼及基础实验中心楼后。

花语：意外收获。

134.

白花重瓣麦李 *Prunus glandulosa* 'Albo-plena'
蔷薇科 Rosaceae　李属 *Prunus* L.

物种特征：灌木。小枝灰棕色或棕褐色，无毛或嫩枝被短柔毛。冬芽卵形，无毛或被短柔毛。叶片边缘有细钝重锯齿；叶柄无毛或上面被疏柔毛；托叶线形。花单生或2朵簇生；萼筒钟状，长宽近相等，无毛，萼片三角状椭圆形，先端急尖，边有锯齿；花重瓣，白色，花瓣倒卵形；雌蕊常变态成叶状，绿色。花期3～4月。图a、图b为白花重瓣麦李，图c、图d为粉花重瓣麦李（*Prunus glandulosa* 'Sinensis'），区别于前者的主要特征为花呈粉红色，重瓣。

利用价值：庭园观赏树。

校园分布：白花重瓣麦李见于金明校区经济学院楼北侧；粉花重瓣麦李见于金明校区数学与统计学院南侧。

135.

东京樱花 *Prunus yedoensis* Matsum.
蔷薇科 Rosaceae　　李属 *Prunus* L.

物种特征： 乔木，高 4~16 米。叶片椭圆或倒卵形，叶缘有尖锐重锯齿，齿端有小腺体；叶柄长 1.3~1.5 厘米，密被柔毛，顶端有 1~2 个腺体或有时无腺体。伞形总状花序，有花 3~4 朵，先叶开放；褐色苞片匙状长圆形，边有腺体；萼筒管状，被疏柔毛；萼片三角状长卵形，先端渐尖，边有腺齿；花瓣白色或粉红色，先端下凹，全缘二裂；雄蕊约 32 枚，短于花瓣；花柱基部有疏柔毛。黑色核果近球形，核表面略具棱纹。花期 4 月，果期 5 月。以其"叶柄密被柔毛，萼梗、萼筒明显被毛"区别于山樱花。

利用价值： 园艺品种很多，供观赏用。

校园分布： 位于金明校区药学院以南林中 1 株。

何处哀筝随急管，樱花永巷垂杨岸。东家老女嫁不售，白日当天三月半。
——唐·李商隐《无题四首》

136.

山樱花 *Prunus serrulata* Lindl.
蔷薇科 Rosaceae　李属 *Prunus* L.

物种特征：乔木，高3～8米。树皮灰褐色或灰黑色，小枝灰白色或淡褐色，无毛。叶先端渐尖，基部圆，有渐尖单锯齿及重锯齿，齿尖有小腺体。花序伞房总状或近伞形，花2～3；总苞片褐红色，外面无毛，内面被长柔毛；萼筒管状，萼片三角状披针形，全缘；花瓣白色，稀粉红色，倒卵形，先端下凹；雄蕊约38枚，花柱无毛。核果球形或卵圆形，熟后紫黑色。花期4～5月，果期6～7月。

利用价值：叶片油亮，花朵鲜艳亮丽，是园林绿化中优秀的观花树种。

校园分布：金明校区行政楼南多株，棉花生物学国家重点实验室以南林中成片栽植，其他处有散生。

山深未必得春迟，处处山樱花压枝。桃李不言随雨意，亦知终是有晴时。
——宋·方岳《入村》

137.

日本晚樱 *Prunus serrulata* Lindl. var. *lannesiana* (Carrière) Makino

蔷薇科 Rosaceae 李属 *Prunus* L.

物种特征： 落叶乔木。树皮灰褐色或灰黑色，有唇形皮孔；小枝灰白色或淡褐色，无毛。叶片卵状椭圆形或倒卵状椭圆形，长 5～9 厘米，宽 2.5～5 厘米。花序伞房总状或近伞形，花 2～3；总苞片褐红色，总梗长 5～10 毫米，无毛；花梗长 1.5～2.5 厘米，无毛或被极稀疏柔毛。核果球形或卵球形，紫黑色，直径 8～10 毫米。花期 3～5 月，果期 6～7 月。与山樱花的主要区别在于叶边有渐尖重锯齿，齿端有长芒，花重瓣，粉红色，花常有香气。

利用价值： 树姿洒脱开展，花枝繁茂，花大艳丽，常用作行道树、风景树。

校园分布： 校园常见。如，金明校区九章路北段路中央绿化带，教苑餐厅对面"樱花园"中等处。

桃花樱花红雨零，桑钱榆钱划色青。昌条脉脉暖烟路，膏壤辉辉寒食汀。

——宋·王洋《题山庵》

138.

樱桃 *Prunus pseudocerasus* Lindl.
蔷薇科 Rosaceae　李属 *Prunus* L.

物种特征： 乔木，高达 3～8 米，树皮红褐色。叶卵形或长圆状倒卵形，先端渐尖或尾尖，基部圆，有尖锐重锯齿，齿端有小腺体。花序伞房状或近伞形，有 3～6 花，先叶开花；总苞倒卵状椭圆形，褐色，长约 5 毫米，边有腺齿；萼筒钟状，外面被疏柔毛，萼片长为萼筒的一半或过半；花瓣白色，卵圆形，先端下凹或二裂；雄蕊 30～35 枚，栽培者可达 50 枚；花柱与雄蕊近等长，无毛。核果近球形，熟时红色。花期 3～4 月，果期 5～6 月。

利用价值： 久经栽培，品种多，可食用，也可酿樱桃酒，枝、叶、根、花也可供药用。

校园分布： 金明校区教苑餐斜对面樱花园中，下沉广场北侧 2 株大树，其他处有散生小树。

樱桃一雨半雕零，更与黄鹂翠羽争。计会小风留紫脆，殷勤落日弄红明。

——宋·杨万里《樱桃》

139.

欧洲甜樱桃 *Prunus avium* (L.) Moench
蔷薇科 Rosaceae　　李属 *Prunus* L.

物种特征：乔木，高达25米。树皮黑褐色，小枝灰棕色，嫩枝绿色。叶片边缘有缺刻状圆钝重锯齿，上面绿色，无毛，下面淡绿色，被稀疏长柔毛。花序伞形，有花3～4朵，花叶同开，花芽鳞片大形，开花期反折；总梗不明显；花梗长2～3厘米；萼筒钟状，萼片先端钝，与萼筒近等长或略长于萼筒，开花后反折；花瓣白色，倒卵圆形，先端微下凹；雄蕊约34枚；花柱与雄蕊近等长，无毛。核果红色至紫黑色，核表面光滑。花期4～5月，果期6～7月。

利用价值：具有观赏价值；果实可鲜食，亦可制成果酱、果酒及罐头等。

校园分布：金明校区教苑餐厅斜对面樱花园中。

花语：纯洁，高尚，别无所爱。

140.

桃 *Prunus persica* (L.) Batsch var. *persica*
蔷薇科 Rosaceae　李属 *Prunus* L.

物种特征：乔木，树皮暗红褐色。叶片长圆或椭圆披针形或倒卵状披针形。花单生，具短柄，先于叶开放；萼片卵形至长圆形，被短柔毛；花瓣长圆状椭圆形至宽倒卵形，粉红色，罕为白色。果实形状卵形、宽椭圆形或扁圆形，外面密被短柔毛，腹缝明显；核大，椭圆形或近圆形，表面具纵、横沟纹和孔穴；种仁味苦。花期3～4月，果期8～9月。与离核毛桃主要区别在于，后者果肉与核分离。

利用价值：花可以观赏，果实多汁，可以生食或制桃脯、罐头等，核仁也可以食用。

校园分布：桃校园常见。如，金明校区教育学部南侧园中等处。

桃之夭夭，灼灼其华。之子于归，宜其室家。
——《诗经·国风·周南·桃夭》

141.

离核毛桃 *Prunus persica* (L.) Batsch var. *aganopersica* (Reich.) Voss
蔷薇科 Rosaceae　李属 *Prunus* L.

物种特征：小乔木，高3～8米，树皮暗灰色。叶为窄椭圆形至披针形，长15厘米，宽4厘米，先端成长而细的尖端，边缘有细齿，暗绿色有光泽，叶基具有蜜腺。花单生，从淡至深粉红或红色，有时为白色，有短柄，直径4厘米，早春开花。核果近球形，果皮被短柔毛，果肉与核分离。花期3～4月，果期8～9月。与桃原变种主要区别在于，后者果肉与核不分离。

利用价值：桃树干上分泌的胶质，俗称桃胶，可用作黏接剂等，可食用，也供药用。

校园分布：位于金明校区教学楼东侧湖中小岛东头1株，土木建筑学院门前1株。

山源夜雨度仙家，朝发东园桃李花。桃花红兮李花白，照灼城隅复南陌。
——唐·贺知章《望人家桃李花》

142. 桃的四个品种：

绯　　桃　*P. persica* 'Magnifica'　　千瓣白桃　*P. persica* 'Albo-plena'
千瓣红桃　*P. persica* 'Dianthiflora'　紫叶桃花　*P. persica* 'Atropurpurea'

蔷薇科　Rosaceae　　李属　*Prunus* L.

物种特征： 图 a、图 b、图 c、图 d 分别为绯桃、千瓣白桃、千瓣红桃、紫叶桃花，属于常见观赏桃品种。它们与原变种的主要区别分别在于：绯桃花重瓣，鲜红色；千瓣白桃花半重瓣，白色；千瓣红桃花半重瓣，淡红色；紫叶桃花叶紫色。

利用价值： 极具观赏价值。

校园分布： 绯桃和千瓣白桃见于金明校区综合教学楼东侧路东林中等处；千瓣红桃见于金明校区南苑学生宿舍楼 2 号楼与 3 号楼之间；紫叶桃花校园常见，如，金明校区综合教学楼北侧林中。

天上碧桃和露种，日边红杏倚云栽。芙蓉生在秋江上，不向东风怨未开。
　　　　　　　　　　　　　　——唐·高瞻《下第后上永崇高侍郎》

叁·被子植物

143.

山桃 *Prunus davidiana* (Carrière) Franch.
蔷薇科 Rosaceae　李属 *Prunus* L.

物种特征：乔木，树皮暗紫色，光滑。小枝细长，幼时无毛。叶两面无毛，具细锐锯齿；叶柄无毛，常具腺体。花单生，先叶开放；花梗极短或几无梗；花萼无毛，萼筒钟形，萼片紫色；花瓣粉红色。核果近球形，熟时淡黄色，密被柔毛，果柄短而深入果洼；果肉薄而干，不可食，成熟时不裂。核球形，具纵、横沟纹和孔穴，与果肉分离。花期3～4月，果期7～8月。

利用价值：木材质硬而重，可作各种细工及手杖；果核可做玩具或念珠；种仁可榨油供食用。

校园分布：金明校区综合教学楼东侧湖中小岛。

　　　山桃红花满上头，蜀江春水拍山流。花红易衰似郎意，水流无限似侬愁。
　　　　　　　　　　　　　　——唐·刘禹锡《竹枝词·山桃红花满上头》

144.

梅 *Prunus mume* (Siebold) Siebold et Zucc.

蔷薇科 Rosaceae　李属 *Prunus* L.

物种特征： 小乔木，稀灌木。树皮浅灰或带绿色，小枝绿色。叶片卵形或椭圆形，叶边常具小锐锯齿，灰绿色。花先开于叶，香味浓；萼筒宽钟形，萼片卵形；花瓣倒卵形，白色至粉红色。果实近球形，黄或绿白色，味酸；核椭圆形有小突尖，表面具蜂窝状孔穴。花期冬春季，果期 5～6 月。图 a、图 b 为梅，图 c、图 d 为该种下品种宫粉梅和绿萼梅，图 c 主要特征为花碟形，半重瓣至重瓣，粉红色，图 d 为花碟形，单瓣至半重瓣，白色，花萼绿色。

利用价值： 做观赏植物；果实可食；鲜花可提取香精；花、叶、根和种仁均可入药。

校园分布： 梅见于金明校区教科院楼东南角园中；宫粉梅、绿萼梅均见于金明校区中州路西南角以内林中。

墙角数枝梅，凌寒独自开。遥知不是雪，为有暗香来。

——宋·王安石《梅花》

145.

美人梅 *Prunus* × *blireana* 'Meiren'
蔷薇科 Rosaceae　　李属 *Prunus* L.

物种特征： 落叶小乔木或灌木，常生树瘤。由重瓣粉色梅花与紫叶李杂交而成。叶片卵圆形，叶缘有细锯齿，常年紫红色。半重瓣花，先叶开放，单生；花梗长约1.5厘米；萼筒宽钟状，萼片5枚，近圆形至扁圆；花瓣15～17枚，粉紫色；雄蕊多数。果近球形，果皮鲜紫红，被毛。花期3～4月，果期5～6月。

利用价值： 优良的园林观赏、环境绿化的树种；梅肉可鲜食。

校园分布： 校园常见。如，金明校区校西门内广场周围园中。

花语：心只属于你。

146.

榆叶梅 *Prunus triloba* Lindl.
蔷薇科 Rosaceae　李属 *Prunus* L.

物种特征：灌木，稀小乔木。树皮紫褐色，小枝无毛或幼时微被柔毛。短枝叶常簇生，一年生枝叶互生，叶宽椭圆形或倒卵形，先端短渐尖，常3裂，基部宽楔形，具粗锯齿或重锯齿；叶柄被柔毛。花1～2朵，先叶开放，萼筒宽钟形，萼片近先端疏生小齿；花瓣近圆形或宽倒卵形，粉红色。核果近球形，熟时红色，被柔毛，果肉薄，核近球形，具不整齐网纹。花期4～5月，果期5～7月。图a、图b为榆叶梅，图c、图d为该种下一品种重瓣榆叶梅（*P. triloba* 'Multiplex'），与其主要区别为花重瓣，粉红色，萼片通常10枚。

利用价值：园林绿化植物。

校园分布：榆叶梅见于金明校区综合教学楼5号楼南等处；重瓣榆叶梅校园常见栽培。

花语：欣欣向荣。

147.

李 *Prunus salicina* Lindl.
蔷薇科 Rosaceae 李属 *Prunus* L.

物种特征：落叶乔木，可高达12米。树皮灰褐色，起伏不平，小枝无毛。叶矩圆状倒卵形或椭圆状倒卵形，边缘有细密、浅圆钝重锯齿，叶柄近顶端有2~3腺体。花梗长1~2厘米，无毛；萼筒钟状，萼片长圆状卵形，长约5毫米和萼筒外面均无毛；花瓣白色，长圆状倒卵形，先端啮蚀状；雄蕊多数，排成不规则2轮；雌蕊1，柱头盘状，花柱比雄蕊稍长。核果球形、卵球形或近圆锥形。花期4月，果期7~8月。

物种价值：果供食用；核仁含油，与根、叶、花、树胶均可药用。

校园分布：位于金明校区华苑学生公寓院内。

紫府沉沉掩夜关，竹阴清扫月中坛。岁星偷得桃枝碧，董奉栽成李子丹。
——宋·秦观《和程给事赠虞道判六首·其三》

148.

紫叶李 *Prunus cerasifera* 'Pissardii'
蔷薇科 Rosaceae　李属 *Prunus* L.

物种特征：灌木或小乔木。叶片椭圆形、卵形或倒卵形，边缘有圆钝锯齿，有时混有重锯齿，紫色；托叶膜质，披针形。花1朵，稀2朵；花梗长1～2.2厘米；花瓣粉白色，长圆形或匙形，边缘波状，基部楔形；萼筒钟状，与萼片近等长，萼筒和萼片外面无毛，萼筒内面有疏生短柔毛；雄蕊25～30，雌蕊1。核果近球形或椭圆形，直径1～3厘米，红色，微被蜡粉；核椭圆形或卵球形。花期4月，果期8月。

利用价值：观赏树种；果实可生食。

校园分布：校园常见。如，金明校区药学院以南林中，校西门内广场周围。

　　曾见繁英出缥墙，更将朱实奉华堂。蹊桃得地偏相映，莫损清阴欲代僵。
　　　　　　　　　　　　　　　　　——宋·宋祁《李树》

149.

杏 *Prunus armeniaca* L.
蔷薇科 Rosaceae 李属 *Prunus* L.

物种特征：落叶乔木。树冠开阔，圆球形或扁球形，小枝红褐色。叶广卵形，两面无毛或仅背面有簇毛；叶柄长2～3.5厘米，常具1～6腺体。花单生，直径2～3厘米，先于叶开放；花梗短，长1～3毫米，被短柔毛；花萼鲜绛红色，萼筒圆筒形，萼片花后反折；花瓣圆形或倒卵形，白色带红晕；花柱下部具柔毛。果实近球形，黄色或带红晕，有细柔毛，果核平滑。花期3～4月，果6～7月成熟。

利用价值：种仁（杏仁）入药，有止咳祛痰、定喘润肠之效。

校园分布：金明校区教育学部东南角林中。

世味年来薄似纱，谁令骑马客京华。小楼一夜听春雨，深巷明朝卖杏花。

——宋·陆游《临安春雨初霁》

150.

火棘 *Pyracantha fortuneana* (Maxim.) Li

蔷薇科 Rosaceae　　火棘属 *Pyracantha* M. Roem.

物种特征：常绿灌木。侧枝短，先端成刺状，嫩枝被锈色短柔毛，老枝暗褐色，无毛。叶片倒卵形或倒卵状长圆形，叶柄短，无毛或嫩时有柔毛。花集成复伞房花序；萼筒钟状，无毛，萼片三角卵形，先端钝；花瓣白色，近圆形；雄蕊 20，花药黄色；花柱 5，离生，与雄蕊等长，子房上部密生白色柔毛。果实近球形，橘红色或深红色。花期 3～5 月，果期 8～11 月。

利用价值：习见栽培作绿篱，果实磨粉可作代食品。

校园分布：多处可见，较分散。如，金明校区特种功能材料重点实验室南侧林中。

深秋末，瘦草半成黄。犹见青枝含艳果，孤山晨色好风光，独赏一穹霜。

——明·欧阳贤《忆江南·火棘》

151.

白梨 *Pyrus bretschneideri* Rehder

蔷薇科 Rosaceae　梨属 *Pyrus* L.

物种特征： 乔木，高可达 5～8 米。小枝幼时密被柔毛，不久脱落，老枝紫褐色，疏生皮孔。叶片卵形或椭圆卵形，边缘有尖锐锯齿，齿尖有刺芒，两面均有绒毛，具膜质托叶。花 7～10 组成伞形总状花序；萼片边缘有腺齿，内面密被褐色绒毛；花瓣卵形，先端常呈啮齿状，基部具短爪；雄蕊 20，花柱 5 或 4。果实黄色，卵形或近球形，长 2.5～3 厘米，有细密斑点。种子褐色倒卵形。花期 4 月，果期 8～9 月。

利用价值： 果实甘甜爽口，含多种营养成分，具有生津、润肺等医疗作用。

校园分布： 位于金明校区光伏材料省重点实验室以北林中。

红杏白梨肌理。时样新妆淡伫。真个是观音，少个杨枝净水。欢喜。欢喜。尽此一钟醇美。
——宋·史浩《如梦令》

152.

豆梨 *Pyrus calleryana* Dcne.
蔷薇科 Rosaceae　梨属 *Pyrus* L.

物种特征：乔木，高 5～8 米。叶宽卵形至卵形，稀长椭圆形，边缘有钝锯齿，两面无毛；叶柄长 2～4 厘米，无毛。花 6～12 组成伞形总状花序，花梗长 1.5～3 厘米，花瓣白色，长约 1.3 厘米，基部具短爪；全缘萼片披针形，内面有绒毛；雄蕊 20，稍短于花瓣，花柱 2，稀 3。黑褐色梨果球形，径约 1 厘米，有斑点。花期 4 月，果期 8～9 月。与杜梨主要区别在于，后者叶片幼时上下两面均被毛，叶边缘有粗锐锯齿，总花梗、花梗、萼片内外均密被绒毛。

利用价值：根、叶有药用价值，可润肺止咳、清热解毒；果实可健胃、止痢。

校园分布：金明校区地理与环境学院南边林中 1 棵。

花语：纯情，纯真的爱，永不分离。

153.

杜梨 *Pyrus betulifolia* Bunge
蔷薇科 Rosaceae 梨属 *Pyrus* L.

物种特征：乔木，树冠开展，枝常具刺。叶片边缘有粗锐锯齿，叶片幼时上下两面均被绒毛，老叶上无毛且有光泽，下面微被毛或无毛；叶柄被灰白色绒毛。伞形总状花序，有花10～15朵，总花梗和花梗均被灰白色绒毛；萼片内外两面均密被绒毛；花瓣白色，花药紫色。果实近球形，直径5～10毫米，褐色，萼片脱落，果梗具绒毛。花期4月，果期8～9月。与豆梨主要区别在于，后者叶片两面无毛，叶边缘有钝锯齿，总花梗、花梗无毛，萼片仅内面被绒毛。

利用价值：木材致密，可作各种器物；树皮含鞣质，可提制栲胶并入药。

校园分布：金明校区地理与环境学院南边林中多株，护理与健康学院以南林中大片种植。

花语：安慰以及最浪漫的爱情。

154.

野蔷薇 *Rosa multiflora* Thunb.
蔷薇科 Rosaceae　蔷薇属 *Rosa* L.

物种特征： 攀援灌木，小枝圆柱形。5～9小叶羽状复叶，小叶片倒卵形、长圆形或卵形，边缘有尖锐单锯齿；小叶柄和叶轴有散生腺毛；托叶篦齿状，大部贴生于叶柄。花多朵，排成圆锥状花序；花萼片披针形，外面无毛，内面有柔毛；花单瓣白色，花柱结合成束，无毛。果近球形，红褐色或紫褐色，无毛，萼片脱落。花期5～9月，果期8～9月。图a、图b、图c为野蔷薇，图d为该种下一品种七姊妹（*R. multiflora* 'Grevillei'），其主要特征为花重瓣，粉红色。

利用价值： 栽培供观赏；根能活血通络收敛，叶外用治肿毒。

校园分布： 野蔷薇见于金明校区中州路（环路）西南角内侧林中散生，七姊妹见于金明校区北围墙栅栏上。

> 红残绿暗已多时，路上山花也则稀。荼䕷余春还子细，燕脂浓抹野蔷薇。
> ——宋·杨万里《野蔷薇》

155.

月季花 *Rosa chinensis* Jacq.
蔷薇科 Rosaceae 蔷薇属 *Rosa* L.

物种特征： 直立灌木。小枝粗壮，圆柱形，近无毛，有短粗的钩状皮刺。小叶3～5，稀7，小叶片宽卵形至卵状长圆形，边缘有锐锯齿，两面近无毛，总叶柄较长，有散生皮刺和腺毛。花几朵集生，稀单生；花瓣重瓣至半重瓣，红色、粉红色至白色，倒卵形，先端有凹缺，基部楔形；萼片卵形，有时呈叶状；花柱离生，伸出萼筒口外，约与雄蕊等长。果卵球形或梨形，红色，萼片脱落。花期4～9月，果期6～11月。与野蔷薇主要区别在于，后者为攀援灌木，小叶5～9，萼片披针形，果时脱落，花柱结合成束，比雄蕊稍长。

利用价值： 常见观赏花卉；花、根、叶均可入药。

校园分布： 校园常见。如，金明校区教育学部门前花坛中。

牡丹最贵惟春晚，芍药虽繁只夏初。唯有此花开不厌，一年长占四时春。

——宋·苏轼《月季》

156.

绣球绣线菊 *Spiraea blumei* G. Don
蔷薇科 Rosaceae　绣线菊属 *Spiraea* L.

物种特征： 灌木。小枝呈拱形弯曲，无毛。叶片菱状卵形至倒卵形，长 2～3.5 厘米，先端圆钝或微尖，基部楔形，具不明显 3 脉或羽状脉，近中部以上具缺刻状锯齿，两面无毛，具羽状脉。伞形花序，花梗长 6～10 毫米，无毛；花萼无毛，萼片三角形或卵状三角形；花瓣近圆形或倒卵形，白色；雄蕊 20～28，稍短于花瓣或几与花瓣等长；花盘具 8～10 个较薄裂片，花柱短于雄蕊。聚合蓇葖果较直立，无毛。花期 4～5 月，果期 7～9 月。

利用价值： 园林绿化中优良的观花观叶树种，根及果实可供药用。

校园分布： 位于金明校区教育学部南侧林中，物理与电子学院北面树林，文甫路以北林中。

天成素缕结秋深，巧刺由来不犯针。篱下工夫可绚烂，条条绾缀紫花心。
——宋·史铸《绣线菊》

157.

枣 *Ziziphus jujuba* Mill.

鼠李科 Rhamnaceae　枣属 *Ziziphus* Mill.

物种特征：落叶小乔木，稀灌木。树皮褐色或灰褐色。叶纸质，边缘具圆齿状锯齿，基生三出脉。花黄绿色，两性，单生，或2～8个密集成腋生聚伞花序；萼片卵状三角形；花瓣倒卵圆形，基部有爪，与雄蕊等长；花盘厚，5裂；子房下部藏于花盘内，与花盘合生。核果矩圆形或长卵圆形，成熟时红色，中果皮肉质，厚，味甜。花期5～7月，果期8～9月。

利用价值：果实可食用；枣仁和根均可入药；枣树花期较长，芳香多蜜，为良好的蜜源植物。

校园分布：位于金明校区综合教学楼3号楼南侧，经济学院与商学院之间院内。

居人几番老，枣树未成槎。汝长才堪轴，吾归已及瓜。

——宋·苏轼《枣》

158.

榔榆 *Ulmus parvifolia* Jacq.
榆科 Ulmaceae   榆属 *Ulmus* L.

物种特征：落叶乔木。树皮灰或灰褐色，成不规则鳞状薄片剥落，内皮红褐色。叶单锯齿，侧脉 10～15 对。秋季开花，3～6 朵成簇状聚伞花序，花被上部杯状，下部管状，花被片 4，深裂近基部，常脱落或残留。翅果椭圆形或卵状椭圆形，顶端具缺口，果翅较果核窄，果核位于翅果中上部；果柄长 1～3 毫米，疏被短毛。花果期 8～10 月。与榆树主要区别在于，后者树皮有纵向裂痕，果实为圆形翅果，花果期 3～6 月。

利用价值：榔榆木树坚硬，可供工业用材；茎皮纤维强韧，可作绳索和人造纤维；亦供药用。

校园分布：金明校区经济学院东北角林中 2 株，中州路东段与双兰路交叉口西北角林中多株。

花语：富裕和财富。

159.

榆树 *Ulmus pumila* L.
榆科 Ulmaceae　　榆属 *Ulmus* L.

物种特征：落叶乔木。幼树树皮平滑，灰褐色或浅灰色，大树之皮暗灰色，不规则深纵裂，粗糙。小枝无毛或有毛，淡黄灰色、淡褐灰色或灰色。叶椭圆状卵形，侧脉9～16对，边缘多具单锯齿。花先叶开放，多数成簇状聚伞花序，生去年枝的叶腋。翅果近圆形或宽倒卵形，无毛；种子位于翅果的中部或近上部。花果期3～6月。与榔榆主要区别在于，后者树皮鳞状薄片剥落，翅果椭圆形或卵状椭圆形，顶端具缺口，花果期8～10月。

利用价值：木材可作家具、农具；枝皮纤维可代麻制绳、麻袋，或作人造棉和造纸原料。

校园分布：校园少见散生。如，金明校区九章路中间绿化带中，生命科学学院圆形报告厅西南角等处。

> 榆柳荫后檐，桃李罗堂前。暧暧远人村，依依墟里烟。
> ——晋·陶渊明《归田园居·其一》

160.

大果榉 *Zelkova sinica* C. K. Schneid.

榆科 Ulmaceae　榉属 *Zelkova* Spach

物种特征： 高大落叶乔木。树皮灰白色，呈块状剥落。一年生枝褐色或灰褐色，被灰白色柔毛，以后渐脱落，二年生枝灰色或褐灰色，光滑。叶纸质或厚纸质，叶面绿，幼时疏生粗毛，后脱落变光滑，叶背浅绿，具钝尖单锯齿，先端渐尖或尾尖，基部稍偏斜。雄花1～3朵腋生，雌花单生于叶腋。核果偏斜，近球形，表面光滑无毛。花期3～4月，果期10～11月。与大叶榉主要区别在于，后者树皮灰褐色，片状脱落后较光滑，叶柄很短，核果较小。

利用价值： 可供车辆、家具等用材；翅果含油量高，是医药和化工工业的重要原料。

校园分布： 位于金明校区数学与统计学院东南角2株。

花语：智慧、坚强和长寿，高官厚禄。

161.

大叶榉 *Zelkova schneideriana* Hand.-Mazz.
榆科 Ulmaceae　榉属 *Zelkova* Spach

物种特征：高大落叶乔木，可高达 35 米。树皮灰褐色至深灰色，呈不规则片状脱落。叶片厚纸质，大小形状变异很大，基部稍偏斜，圆形、宽楔形、稀浅心形，叶面边缘具圆齿状锯齿，叶面绿，干后深绿至暗褐色，被糙毛，叶背浅绿，干后变淡绿至紫红色，密被柔毛，边缘具圆齿状锯齿。雄花 1～3 朵簇生于叶腋，雌花或两性花常单生于小枝上部叶腋。花期 3～4 月，果期 10～11 月。与大果榉主要区别在于，后者树皮灰白色，呈块状脱落后较粗糙，叶柄较纤细，核果较大，果梗极短。

利用价值：木材致密坚硬，色纹均美；树冠广阔，树形优美，观赏价值高。

校园分布：位于金明校区经济学院楼东南角林中，综合教学楼南湖东南角林中。

花语：一"榉"成名

162.

大叶朴 *Celtis koraiensis* Nakai
大麻科 Cannabaceae　朴属 *Celtis* L.

物种特征： 落叶乔木。树皮灰色或暗灰色，浅微裂。当年生小枝老后褐色至深褐色，散生小而微凸、椭圆形的皮孔。冬芽深褐色，内部鳞片具棕色柔毛。叶椭圆形至倒卵状椭圆形，基部稍不对称，宽楔形至近圆形或微心形，先端具尾状长尖，长尖常由平截状先端伸出，边缘具粗锯齿。果单生叶腋，果近球形至球状椭圆形，成熟时橙黄色至深褐色；核球状椭圆形，有四条纵肋，表面具明显网孔状凹陷，灰褐色。花期4～5月，果期9～10月。

利用价值： 可作庭荫树、观赏树、行道树；造纸和人造棉等的原料。

校园分布： 位于金明校区南苑餐厅南广场多株，物理与电子学院A楼大门东行道树（1棵）。

花语：朴实、相思、不忘故土。

163.

朴树 *Celtis sinensis* Pers.
大麻科 Cannabaceae　朴属 *Celtis* L.

物种特征：落叶乔木，高达20米。一年生枝密被柔毛，芽鳞无毛。叶卵形或卵状椭圆形，先端尖或渐尖，基部近对称或稍偏斜，近全缘或中上部具圆齿。果单生叶腋，稀2～3集生，近球形，较小，一般直径5～7毫米，成熟时黄或橙黄色，果柄与邻近叶柄近等长；果核近球形，白色。花期3～4月，果期9～10月。

利用价值：木材可供建筑和制作家具等，树皮纤维可代麻制绳、织袋，或为造纸原料。

校园分布：校园多处散生或作行道树。如，金明校区图书馆东侧行道树。

164.

紫弹树 *Celtis biondii* Pamp.
大麻科 Cannabaceae　朴属 *Celtis* L.

物种特征：落叶乔木。叶薄革质，宽卵形、卵形或卵状椭圆形，中上部疏生浅齿，边稍反卷，上面脉纹多凹下，两面被微糙毛，或上面无毛，或下面被糙毛并密被柔毛；叶柄长3～6毫米，托叶线状披针形。果序单生叶腋，通常具2果（少有1或3果），总梗极短，果柄较长，梗连同果柄长1～2厘米。果近球形，径约5毫米，黄色或橘红色；核近圆形，具4肋及网孔状。花期4～5月，果期9～10月。

利用价值：主要用于绿化道路，栽植公园小区，景观树等。

校园分布：校园多处散生。如，金明校区图书馆东侧行道树，南苑餐厅南广场等处。

165.

黑弹树 *Celtis bungeana* Blume
大麻科 Cannabaceae 朴属 *Celtis* L.

物种特征： 落叶乔木，树皮灰色或暗灰色。叶厚纸质，狭卵形、长圆形、卵状椭圆形至卵形。果单生叶腋（在极少情况下，一总梗上可具2果），果柄较细软，无毛，长10～25毫米，果成熟时蓝黑色，近球形，直径6～8毫米；核近球形，肋不明显，表面极大部分近平滑或略具网孔状凹陷，直径4～5毫米。花期4～5月，果期10～11月。
利用价值： 城乡绿化的良好树种；木材可供工业用材；茎皮为造纸和人造棉原料。
校园分布： 多处可见，较分散。如，金明校区图书馆东侧路西行道树，校大西门内广场周围等处。

166.

珊瑚朴 *Celtis julianae* Schneid.
大麻科 Cannabaceae　朴属 *Celtis* L.

物种特征： 落叶乔木。树皮淡灰色至深灰色；当年生小枝、叶柄、果柄老后深褐色，密生褐黄色茸毛，去年生小枝毛常脱净。冬芽深褐色，内层芽鳞被红褐柔毛；叶先端骤短渐尖或尾尖，基部近圆，或一侧圆，一侧宽楔形，上面稍粗糙，下面密被柔毛。果单生叶腋，椭圆形或近球形，无毛，长1～1.2厘米，成熟时金黄或橙黄色，果柄粗，长1～3厘米；核乳白色，倒卵圆形或倒宽卵圆形，长7～9毫米，上部具2肋，稍网孔状凹陷。花期3～4月，果期9～10月。

利用价值： 可供家具、建筑用材；树皮可作人造棉造纸等原料；果核可榨油。

校园分布： 位于金明校区物理与电子学院A楼大门东行道树。

167.

葎草 *Humulus scandens* (Lour.) Merr.
大麻科 Cannabaceae　　葎草属 *Humulus* L.

物种特征：缠绕草本，茎、枝、叶柄均具倒钩刺。叶掌状 5～7 深裂，稀为 3 裂，基部心脏形，表面粗糙，疏生糙伏毛，背面有柔毛和黄色腺体，裂片卵状三角形，边缘具锯齿；叶柄长 5～10 厘米。雄花小，黄绿色，圆锥花序，长约 15～25 厘米；雌花序球果状，径约 5 毫米，苞片纸质，三角形，顶端渐尖，具白色绒毛；子房为苞片包围，柱头 2，伸出苞片外。瘦果成熟时露出苞片外。花期春夏，果期秋季。

利用价值：本草可作药用；茎皮纤维可作造纸原料；种子油可制肥皂。

校园分布：校园常见杂草。如，金明校区护理与健康学院西侧路西栅栏上。

百年春梦去悠悠，不复吹箫向此留。野草自花还自落，鸣禽相乳亦相酬。
——宋·王安石《午枕》

168.

青檀 *Pteroceltis tatarinowii* Maxim.
大麻科 Cannabaceae　　青檀属 *Pteroceltis* Maxim.

物种特征：高大乔木。树皮灰或深灰色，不规则长片状剥落。叶互生，纸质，宽卵形或长卵形，尾尖，锯齿不整齐，基脉3出。花单性、同株；雄花数朵簇生于当年生枝下部叶腋；花被5深裂，花药顶端具毛；雌花单生于一年生枝上部叶腋；花被4深裂，花柱短，柱头2，线形，胚珠下垂。翅果状坚果近圆形或近四方形，顶端具凹口，黄绿色或黄褐色，具宿存的花柱和花被。花期3～5月，果期8～10月。

利用价值：可供观赏、纤维、用材，种子可榨油。

校园分布：位于金明校区教育学部东南角林中2株，数学与统计学院南1株。

更须蓺嘉木，竹已青檀栾。藩篱护封植，勿令牛閵列。
　　　　　　　　———宋·晁公溯《喜汤子才永丰筑室成》

169.

构树 *Broussonetia papyrifera* (L.) L'Hér. ex Vent.
桑科 Moraceae　　构属 *Broussonetia* L'Hér. ex Vent.

物种特征：落叶乔木。树皮暗灰色，小枝密生柔毛。叶螺旋状排列，边缘具粗锯齿，不分裂或3～5裂，表面粗糙。花雌雄异株，雄花序为葇荑花序，粗壮，苞片披针形，被毛，花被4裂，裂片三角状卵形，被毛，雄蕊4，花药近球形；雌花序球形头状，苞片棍棒状，顶端被毛，花被管状，顶端与花柱紧贴，被毛。聚花果成熟时橙红色，肉质，瘦果具柄，表面有小瘤，龙骨双层，外果皮壳质。花期4～5月，果期6～7月。

利用价值：叶是很好的猪饲料；韧皮纤维是造纸的高级原料；根和种子均可入药。

校园分布：多处有大树或小树。如，金明校区地理与环境学院北侧墙边，教科院东南角林中等处。

花语：好运，吉祥如意。

170.

无花果 *Ficus carica* L.
桑科 Moraceae　榕属 *Ficus* L.

物种特征：落叶灌木，树皮灰褐色，皮孔明显。叶互生，厚纸质，掌状 3～5 裂，具不规则钝齿。隐头花序，雌雄异株，雄花和瘿花同生于一榕果内壁，雄花生内壁口部，花被片 4～5，雄蕊 3，有时 1 或 5，瘿花花柱侧生，短；雌花花被与雄花同，子房卵圆形，光滑，花柱侧生，柱头 2 裂，线形。榕果单生叶腋，梨形，顶部凹下，熟时紫红或黄色。花果期 5～7 月。

利用价值：榕果味甜可食或作蜜饯，又可作药用；无花果也可供庭园观赏。

校园分布：校园散生。如，金明校区教育学部南林中，中州路（环路）东段中部偏南路西林中。

> 千山花开万树香，唯独无花不竞芳。绿衣婆娑默然立，累累甜蜜请君尝。
> ——《吟无花果》

171.

桑 *Morus alba* L.
桑科 Moraceae   桑属 *Morus* L.

物种特征：落叶乔木或灌木，高可达15米。植株富含乳浆，树皮黄褐色。叶边缘有粗锯齿，有时有不规则的分裂，叶面无毛，有光泽，叶背脉上有疏毛。花单性，腋生或生于芽鳞腋内，与叶同时生出；雄花序下垂，密被白色柔毛；雄花花被片宽椭圆形，淡绿色，花丝在芽时内折，花药2室，球形至肾形，纵裂；雌花序被毛，总花梗被柔毛，雌花无梗，花被片倒卵形，顶端圆钝，外面和边缘被毛，两侧紧抱子房，无花柱，柱头2裂，内面有乳头状突起。聚花果卵圆形或圆柱形，黑紫色或白色。花期4～5月，果期6～7月。
利用价值：树皮纤维柔细，可作纺织原料、造纸原料；叶为养蚕的主要饲料。
校园分布：位于金明校区生命科学学院东侧实验田南围栏处几小株，中州颐和酒店东北角1株。

啄木觜距长，凤凰羽毛短。苦嫌松桂寒，任逐桑榆暖。
——唐·李隆基《续薛令之题壁》

172.

胡桃 *Juglans regia* L.
胡桃科 Juglandaceae　　胡桃属 *Juglans* L.

物种特征：高大乔木。树皮老时灰白色，浅纵裂。叶柄及叶轴幼时被腺毛及腺鳞；小叶（3～）5～9，全缘，无毛，脉腋具簇生柔毛。雄花序为葇荑花序，长5～10（～15）厘米；雄花苞片、小苞片及花被片均被腺毛，雄蕊6～30，花药无毛；雌花序穗状，具1～3（～4）花。果序短，俯垂，具1～3果；果近球形，径4～6厘米，无毛；果核稍皱曲，具2纵棱，顶端具短尖头。花期4～5月，果期9～10月。

利用价值：种仁含油量高，可生食，亦可榨油食用；木材坚实，是很好的硬木材料。

校园分布：位于金明校区图书馆东侧路东林中。

枝头叶底不能藏，独脱无依未厮当。一击浑身如粉碎，不堪收拾始馨香。
——宋·释普济《胡桃》

173.

枫杨 *Pterocarya stenoptera* C. DC.
胡桃科 Juglandaceae　　枫杨属 *Pterocarya* Kunth

物种特征： 乔木，高达 30 米。幼树树皮光滑，浅灰色，老树则深纵裂。偶数稀奇数羽状复叶，叶轴具窄翅；小叶多枚，无柄，长椭圆形或长椭圆状披针形，具内弯细锯齿。雄柔荑花序单生于去年生枝条上叶痕腋内，花序轴常有稀疏的星芒状毛，雄花常具 1（稀 2 或 3）枚发育的花被片，雄蕊 5～12 枚；雌葇荑花序顶生，花序轴密被毛。果序轴常被毛，果长椭圆形，基部被星状毛；果翅条状长圆形。花期 4～5 月，果期 8～9 月。
利用价值： 可作绿化树种；树皮与枝皮可供纤维；果实可作饲料、酿酒；种子可榨油。
校园分布： 校园常见。如，金明校区化学化学化工学院南林中或行道树，琴键楼西侧行道树。

花语：纯洁和盟约。

174.

马泡瓜 *Cucumis melo* L. subsp. *agrestis* Naud.
葫芦科 Cucurbitaceae　　黄瓜属 *Cucumis* L.

物种特征： 一年生匍匐或攀援草本。茎、枝有棱，有黄褐色或白色的糙硬毛；卷须纤细。叶片厚纸质。雌雄同株，花黄色。果实通常为球形或长椭圆形，有纵沟纹或斑纹，果肉白色、黄色或绿色，有香甜味。种子污白色或黄白色。花果期夏季。该种是甜瓜下一亚种，与原变种的区别在于植株纤细；花较小，双生或3枚聚生；子房密被微柔毛和糙硬毛，果实小，长圆形、球形或陀螺状，有香味，不甜，果肉极薄。

利用价值： 常不食用，作观赏。

校园分布： 见于金明校区生命科学学院东侧实验田田埂。

荣华未必是荣华，园里甜瓜生苦瓜。记得水边枯楠树，也曾发叶吐鲜花。

———明·刘基《竹枝歌（三首）》

175.

白杜 *Euonymus maackii* Rupr.
卫矛科 Celastraceae   卫矛属 *Euonymus* L.

物种特征：落叶小乔木，高可达6米，树皮网状裂。叶对生，先端长渐尖，基部宽楔形或近圆，边缘具细锯齿，侧脉6～7对；叶柄长1.5～3.5厘米。聚伞花序有3至多花；花序梗微扁，长1～2厘米；花4数，淡白绿或黄绿色；花萼裂片半圆形；花瓣长圆状倒卵形；花药紫红色。蒴果倒圆心形，4浅裂，径0.9～1厘米，熟时粉红色。种子长椭圆状，假种皮橙红色，全包种子，种子棕黄色。花期5～6月，果期9月。

利用价值：植物木材可供器具及细工雕刻用；种子可用做工业用油。

校园分布：位于金明校区化学化工学院南环路南侧。

花语：平平淡淡总是真。

176.

扶芳藤 *Euonymus fortune* (Turcz.) Hand.-Mazz.
卫矛科 Celastraceae　　卫矛属 *Euonymus* L.

物种特征：常绿藤状灌木。各部无毛，枝具气生根。叶对生，薄革质，边缘齿浅不明显，小脉不明显。聚伞花序3～4次分枝，每花序有4～7花，分枝中央有单花；花4数，白绿色，径约6毫米；花萼裂片半圆形；花瓣近圆形；雄蕊花丝细长，花盘方形；子房三角状锥形，4棱。蒴果近球形，熟时粉红色，果皮光滑。种子长方椭圆形，假种皮鲜红色，全包种子。花期6月，果期10月。与冬青卫矛主要区别在于，后者为直立灌木。

利用价值：生长旺盛，终年常绿，是庭院中常见地面覆盖植物。

校园分布：位于金明校区南苑餐厅南广场长廊，校园北围墙栅栏上。

花语：柔和，依靠。

177.

冬青卫矛 *Euonymus japonicus* Thunb.
卫矛科 Celastraceae　　卫矛属 *Euonymus* L.

物种特征：常绿灌木。叶对生，革质，侧脉 5～7 对，叶柄长约 1 厘米。聚伞花序 2～3 次分枝，具 5～12 花；花序梗长 2～5 厘米；花白绿色，径 5～7 毫米；花萼裂片半圆形；花瓣近卵圆形；花盘肥大，径约 3 毫米；花丝长 1.5～4 毫米，常弯曲；子房每室二胚珠，着生于中轴顶部。蒴果近球形，径约 8 毫米，熟时淡红色。假种皮红色。花期 6～7 月，果熟期 9～10 月。与西南卫矛主要区别在于，后者为落叶乔木，蒴果较大，熟时粉红带黄色。

利用价值：栽培供观赏。

校园分布：校园常见绿篱或修剪成球形。

花语：严肃、正义。

178.

西南卫矛 *Euonymus hamiltonianus* Wall. ex Roxb.
卫矛科 Celastraceae　卫矛属 *Euonymus* L.

物种特征：落叶小乔木，高5～6米。枝条无栓翅，但小枝的棱上有时有4条极窄木栓棱。叶对生，侧脉7～9对。聚伞花序具5～多花；花序梗长1～2.5厘米；花4数，白绿色，径1～1.2厘米；花萼裂片半圆形；花瓣长圆形或倒卵状长圆形；雄蕊具花丝，生于扁方形花盘边缘上；子房4室，具花柱。蒴果较大，熟时粉红带黄色。种子棕红色，外被橙红色假种皮。花期5～6月，果期9～10月。与冬青卫矛主要区别在于，后者为常绿灌木，果实熟时淡红色。

利用价值：优良的观枝、观叶、观果树种。

校园分布：金明校区护理与健康学院以南林中2株。

179.

酢浆草 *Oxalis corniculate* L.
酢浆草科 Oxalidaceae　　酢浆草属 *Oxalis* L.

物种特征： 草本，全株被柔毛。根茎稍肥厚；茎细弱，直立或匍匐。叶基生，茎生叶互生，小叶3，倒心形，先端凹下。花单生或数朵组成伞形花序状，花序梗与叶近等长；萼片5，披针形或长圆状披针形，长3～5毫米，背面和边缘被柔毛；花瓣5，黄色，长圆状倒卵形，长6～8毫米；雄蕊10，基部合生，长、短互间；子房5室，被伏毛，花柱5，柱头头状。蒴果长圆柱形，5棱。花果期2～9月。

利用价值： 全草入药，茎叶含草酸，牛羊过量食用可致死。

校园分布： 校园常见杂草，常成片生长。

花语：爱国情怀和璀璨的心。

180.

关节酢浆草 *Oxalis articulata* Savigny
酢浆草科 Oxalidaceae   酢浆草属 *Oxalis* L.

物种特征： 多年生草本，地下具块茎，鳞茎为长圆形，且有关节。叶基生，掌状复叶，3 小叶复生，叶柄较长，小叶心形，顶端凹，基部楔形，绿色，全缘，被短绒毛。伞形花序，花萼 5，绿色，花瓣 5，粉红色，下部有深粉色条纹，下部粉紫色，花瓣喉部为紫红色。果实为蒴果。花果期 5～9 月。与红花酢浆草主要区别在于，后者具球状鳞茎，花心嫩绿色。

利用价值： 优良的地被花卉，适合用于花坛、花境、疏林地及林缘大片种植。

校园分布： 常作地被。如，金明校区生命科学学院门前，商学院西侧。

181.

红花酢浆草 *Oxalis corymbosa* DC.
酢浆草科 Oxalidaceae　　酢浆草属 *Oxalis* L.

物种特征： 多年生直立草本，具球状鳞茎。叶基生，小叶3，扁圆状倒心形，先端凹缺，基部宽楔形，上面被毛或近无毛；下面疏被毛；托叶长圆形，与叶柄基部合生。花序梗被毛；花梗具披针形干膜质苞片2枚；萼片5，披针形，长4～7毫米，顶端具暗红色小腺体2枚；花瓣5，倒心形，淡紫或紫红色，喉部嫩绿色；雄蕊10，5枚超出花柱，另5枚达子房中部，花丝被长柔毛；子房5室，花柱5，被锈色长柔毛。花果期3～12月。与关节酢浆草主要区别在于，后者具块状鳞茎，具关节，花心紫红色。

利用价值： 优良地被植物；全草入药，治跌打损伤、赤白痢，亦可止血。

校园分布： 位于金明校区基础实验中心楼前极少量栽培。

花语：幸运。

182.

紫花地丁 *Viola philippica* Cav.
堇菜科 Violaceae　　堇菜属 *Viola* L.

物种特征：多年生草本，无地上茎。根状茎短，垂直，节密生，淡褐色。细根数条，淡褐色或近白色。基生叶莲座状；下部叶较小，上部者较大，具圆齿；果期叶片增大，叶柄上部具宽翅；托叶膜质，2/3～4/5与叶柄合生，离生部分线状披针形，边缘疏生具腺体的流苏状细齿或近全缘。花紫堇色或淡紫色，稀白色；花梗与叶等长或高于叶，中部有2线形小苞片；花瓣倒卵形，侧瓣长1～1.2厘米，内面无毛或有须毛；柱头三角形，两侧及后方具微隆起的缘边，顶部略平，前方具短喙。蒴果长圆形，无毛。花果期4～9月。

利用价值：可作早春观赏花卉；全草供药用，能清热解毒、凉血消肿；嫩叶可作野菜。

校园分布：校园常见。如，金明校区图书馆西北角林下草地，综合教学楼北文甫路北草地等处。

花语：诚信、活泼可爱。

183.

三色角堇 *Viola × williamsii* Wittr.

堇菜科 Violaceae　　堇菜属 *Viola* L.

物种特征：多年生草本。植株被短柔毛。叶片具长柄，边缘疏生圆钝锯齿；托叶大，叶状，羽状深裂，具1脉。花梗远长于叶，苞片小，位于花梗上部；萼片长圆状披针形，具3脉，附属物末端具钝齿；花瓣覆瓦状排列，有紫色、白色、黄色、粉色等，通常为单色，单生于叶腋，具多条深色短直线纹，侧瓣内侧密生须毛，下瓣距细管状；子房无毛，花柱短，基部明显膝曲，柱头近球形，无喙，表面常有短毛，基部有须毛。蒴果椭球形。花期全年。

利用价值：多用于布置花坛、花境等，也适合公园、绿地等路边栽培或营造群体景观。

校园分布：位于金明校区土木建筑学院门前花坛中。

花语：灵动可爱、灿烂多彩、自强不息。

184. 早开堇菜 *Viola prionantha* Bunge

堇菜科 Violaceae　　堇菜属 *Viola* L.

物种特征：多年生草本，无地上茎。根多条，细长，淡褐色；根状茎垂直。叶多数，均基生，叶在花期长圆状卵形，基部微心形，果期叶增大，呈三角状卵形，基部常宽心形；叶柄较粗，上部有窄翅，托叶干后呈膜质。花紫堇色或紫色，喉部色淡有紫色条纹；上方花瓣倒卵形，无须毛，向上反曲，侧瓣长圆状倒卵形，内面基部常有须毛或近无毛。蒴果长椭圆形，无毛。花果期4～9月。

利用价值：早开堇菜全草供药用，有清热解毒、除脓消炎功效。

校园分布：位于金明校区软件学院南侧文甫路南林下。

花语：沉默不语和无条件的爱。

185.

加杨 *Populus × canadensis* Moench
杨柳科 Salicaceae　　杨属 *Populus* L.

物种特征： 大乔木。萌枝及苗茎有棱角，小枝稍有棱角，无毛，稀微被柔毛；芽先端反曲，富黏质。叶三角形或三角状卵形，无或有1～2枚腺体，边缘半透明，有圆锯齿，近基部较疏，具短缘毛，下面淡绿色；叶柄侧扁而长。雄花序的花序轴光滑，每花有雄蕊15～25（～40）；苞片淡绿褐色，丝状深裂，无毛，花盘淡黄绿色，全缘；雌花序有45～50花，柱头4裂。蒴果长圆形，顶端尖，2～3瓣裂。花期4月，果期5～6月。以其"树皮深沟裂，褐灰色，叶柄侧扁而长，带红色，叶边缘具圆锯齿"等特征易于识别。

利用价值： 良好的绿化树种；木材供箱板、家具等用；树皮含鞣质，可提制栲胶。

校园分布： 多处可见，较分散。如，金明校区东门内与中州路交汇处转盘西北角。

绿杨芳草长亭路，年少抛人容易去。楼头残梦五更钟，花底离愁三月雨。

——宋·晏殊《玉楼春·春恨》

186.

毛白杨 *Populus tomentosa* Carrière

杨柳科 Salicaceae　　杨属 *Populus* L.

物种特征： 乔木。树皮幼时暗灰色，壮时灰绿色，渐变为灰白色，老时基部黑灰色，纵裂，粗糙。小枝（嫩枝）初被灰毡毛，后光滑。幼叶背面密生毡毛，具深波状齿牙缘。雌雄异株，雄花苞片具尖头，密生长毛，花药红色；雌花苞片褐色，尖裂，沿边缘有长毛。花期3月，果期4～5月。图a、图b、图c为毛白杨，图d为该种下一品种抱头毛白杨（*P. tomentosa* 'Fastigiata'），其主要特征为主干明显，树冠狭长，侧枝紧抱主干。与响毛杨主要区别在于，后者树皮灰白色，皮孔明显，散生，幼叶背面密被毛，叶边缘具不整齐的波状粗齿和浅细锯齿。

利用价值： 可做建筑、家具、箱板及火柴杆、造纸等用材；优良庭园绿化或行道树。

校园分布： 见于校园西围墙内。

荒草何茫茫，白杨亦萧萧。严霜九月中，送我出远郊。
——晋·陶渊明《拟挽歌辞三首·其二》

187.

响毛杨 *Populus pseudotomentosa* C. Wang & S.L. Tung

杨柳科 Salicaceae   杨属 *Populus* L.

物种特征：乔木，树皮灰白色。当年生枝紫褐色，光滑；芽卵形，先端急尖，富含树脂，有光泽，黄褐色芽无毛，有黏脂。叶卵形或卵状圆形，边缘有不整齐的波状粗齿和浅细锯齿，先端急尖，基部心形，通常具2明显腺点，基部截形或心形，边缘具内曲圆腺齿。花序长6～10厘米，序轴有毛。果序长达12～20（～30）厘米，果卵状长椭圆形，2瓣裂，有短梗。花期4～5月，果期6月。与毛白杨主要区别在于，后者树皮灰绿色，纵裂，皮孔2～4连生，幼叶背面密生毡毛，具深波状齿牙缘。

利用价值：根皮、树皮或叶皆可入药，有祛风通络，散瘀活血，止痛的功效。

校园分布：校园散生。如，金明校区作物逆境适应与改良国家重点实验室实验田西侧。

驿亭三杨树，正当白下门。吴烟暝长条，汉水啮古根。

——唐·李白《金陵白下亭留别》

188.

腺柳 *Salix chaenomeloides* Kimura
杨柳科 Salicaceae　　柳属 *Salix* L.

物种特征：小乔木。枝暗褐色或红褐色，有光泽。叶椭卵圆形，两面光滑，上面绿色，下面苍白色或灰白色，边缘有腺锯齿；叶柄幼时被短绒毛，后渐变光滑，先端具腺点；托叶半圆形或肾形，边缘有腺锯齿，早落。花序梗和轴有柔毛；苞片小，卵形；花药黄色，球形。蒴果卵状椭圆形。花期4月，果期5月。与旱柳主要区别在于，后者叶披针形，仅边缘具细腺锯齿。

利用价值：观赏性极强，可作为绿化树种植于湖泊、池塘周围及河流两岸。

校园分布：校园散生。如，金明校区中州路西南角内侧（桥头）1株，教育学部以南靠近湖边1株。

> 曾逐东风拂舞筵，乐游春苑断肠天。如何肯到清秋日，已带斜阳又带蝉。
> ——唐·李商隐《柳》

189.

旱柳 *Salix matsudana* Koidz.
杨柳科 Salicaceae 柳属 *Salix* L.

物种特征： 乔木，大枝斜上，树冠广圆形。树皮暗灰黑色，有裂沟。枝细长，直立或斜展，浅褐黄色或带绿色，后变褐色，无毛，幼枝有毛。叶披针形。雄蕊2，花丝基部有长毛，花药卵形，黄色；苞片卵形，黄绿色，先端钝，基部多少有短柔毛；腺体2。雌花序较雄花序短，有3～5小叶生于短花序梗上，轴有长毛；子房长椭圆形，近无柄，无毛，无花柱或很短，柱头卵形，近圆裂；苞片同雄花；腺体2，背生和腹生。花期4月，果期4～5月。与腺柳主要区别在于，后者叶椭圆形、卵圆形，边缘具腺锯齿，叶柄先端具腺点。

利用价值： 绿化树种；木材供建筑器具、造纸等用；细枝可编筐；又为早春蜜源树。

校园分布： 多处可见，较分散。如，金明校区生命科学学院楼东南角1株，教科院南河北岸1株。

> 大将西征人未还，湘湖子弟满天山。新栽杨柳三千里，引得春风度玉关。
> ——清·杨昌浚《恭诵左公西行甘棠》

190.

垂柳 *Salix babylonica* L.
杨柳科 Salicaceae　　柳属 *Salix* L.

物种特征： 落叶乔木，高达18米，树冠开展而疏散。树皮灰黑色，不规则开裂；枝细，下垂。叶狭披针形或线状披针形，先端长渐尖，上面绿色，下面色较淡，锯齿缘。花序先叶开放，或与叶同时开放；雄花序有短梗，轴有毛；雄蕊2枚，花丝分离，花药黄色，腺体2个；雌花子房无柄，腺体1个。蒴果长3～4毫米，带绿黄褐色。花期3～4月，果期4～5月。

利用价值： 可作庭荫树、行道树、公路树；也适用于工厂绿化、固堤护岸；木材可供制家具。

校园分布： 湖边多见。

梨花风起正清明，游子寻春半出城。日暮笙歌收拾去，万株杨柳属流莺。
———宋·吴惟信《苏堤清明即事》

191.

柞木 *Xylosma congesta* (Lour.) Merr.
杨柳科 Salicaceae　柞木属 *Xylosma* G. Forst.

物种特征： 常绿大灌木或小乔木。树皮棕灰色，不规则从下面向上反卷呈小片，幼时有枝刺，结果株无刺；枝条近无毛或有疏短毛。叶薄革质，叶柄短，长约2毫米，有短毛。花小，总状花序腋生，长1～2厘米，花梗极短，长约3毫米；花萼4～6片，卵形，外面有短毛。浆果黑色，球形，顶端有宿存花柱。种子2～3粒，卵形。花期春季，果期冬季。

利用价值： 树形优美，供庭院美化和观赏；材质坚实，供家具、农具等用。

校园分布： 金明校区中州路西南角以内林中1株。

192.

铁苋菜 *Acalypha australis* L.
大戟科 Euphorbiaceae　铁苋菜属 *Acalypha* L.

物种特征：一年生草本，小枝被平伏柔毛。叶长卵形先端短渐尖，基部楔形，具圆齿，基脉3出，侧脉3～4对；叶柄长2～6厘米，被柔毛，托叶披针形，具柔毛。花序长1.5～5厘米，雄花集成穗状或头状，生于花序上部，下部具雌花；雌花苞片1～2(～4)，卵状心形，长1.5～2.5厘米，具齿；雄花花萼无毛；雌花1～3朵生于苞腋；萼片3。蒴果绿色；种子近卵状，种皮平滑。花果期4～12月。

利用价值：全株入药，具清热解毒、利湿消积、收敛止血的功效；嫩叶可食。

校园分布：草地偶见杂草。如，金明校区生命科学学院东侧实验田，基础实验中心南侧草地上。

花语：真爱。

193.

乳浆大戟 *Euphorbia esula* L.
大戟科 Euphorbiaceae　　大戟属 *Euphorbia* L.

物种特征： 多年生草本。根圆柱状；不育枝常发自基部，其上叶常为松针状，无柄。可育枝上叶线形或卵形，先端尖或钝尖，基部楔形或平截，无叶柄。花序单生于分枝顶端，无梗；总苞钟状，边缘5裂，裂片半圆形至三角形，边缘及内侧被毛，腺体4，新月形，两端具角，角长而尖或短钝，褐色。蒴果三棱状球形，具3纵沟花柱宿存。种子卵圆形，黄褐色；种阜盾状，无柄。花果期4～10月。与泽漆主要区别在于，后者叶倒卵形或匙形，总苞叶5，花序5分枝，苞叶卵圆形。

利用价值： 种子含油量达30%，工业用；全草入药，具拔毒止痒之效。

校园分布： 位于金明校区综合教学楼6号楼北侧文甫路以北林中草地上。

194.

泽漆 *Euphorbia helioscopia* L.
大戟科 Euphorbiaceae　　大戟属 *Euphorbia* L.

物种特征：一年生草本。叶互生，倒卵形或匙形，长 1～3.5 厘米，先端具牙齿。花序单生，有梗或近无梗；总苞钟状，无毛，边缘 5 裂，裂片半圆形，边缘和内侧具柔毛，腺体 4，盘状，中部内凹，盾状着生于总苞边缘，具短柄，淡褐色；雄花数枚，伸出总苞；雌花 1，子房柄微伸出总苞边缘。蒴果二棱状宽圆形，无毛，具 3 纵沟。花果期 4～10 月。与乳浆大戟主要区别在于，后者可育枝上叶线形或卵形，不育枝叶常松针状，总苞叶 3～5，花序 3～5 分枝，苞叶常肾形。

利用价值：全草入药，有清热、祛痰、利尿消肿之效；种子含油量达 30%，可供工业用。

校园分布：校园少见散生。如，金明校区综合教学楼 6 号楼以北文甫路北林中等处。

195.

斑地锦 *Euphorbia maculate* L.
大戟科 Euphorbiaceae　　大戟属 *Euphorbia* L.

物种特征：一年生草本。根纤细，茎匍匐。叶片对生，长椭圆形至肾状长圆形，不对称，边缘中部以下全缘，中部以上常具细小疏锯齿。花序单生于叶腋，基部具短柄，总苞狭杯状，裂片三角状圆形，雄花微伸出总苞外，雌花子房柄伸出总苞外，花柱短。蒴果三角状卵形，种子卵状四棱形，无种阜。花果期3～9月。与地锦草主要区别在于，后者全株几无毛，茎上偶尔有长柔毛，叶面绿色，果实通常无毛。

利用价值：可入药，具有止血、清湿热、通乳之效。

校园分布：各处草地或路边偶见。如，金明校区护理与健康学院西侧路边。

196.

地锦草 *Euphorbia humifusa* Willd. ex Schlecht.
大戟科 Euphorbiaceae 大戟属 *Euphorbia* L.

物种特征：一年生草本。茎匍匐，基部以上多分枝，基部常红或淡红色。叶对生，长5～10毫米，宽3～6毫米，边缘常于中部以上具细锯齿。花序单生叶腋，总苞陀螺状，边缘4裂，腺体4，边缘具白或淡红色肾形附属物；雄花数枚，雌花1。蒴果三棱状卵球形，长约2毫米，直径约2.2毫米。种子灰色，每个棱面无横沟，无种阜。花果期5～10月。与斑地锦主要区别在于，后者茎被白色疏柔毛，叶面绿色常具1个长圆形紫色斑点，果实被稀疏柔毛。

利用价值：全草入药，有清热解毒、利尿、通乳、止血及杀虫作用。

校园分布：草地偶见。

花语：静静的优美。

197.

乌桕 *Triadica sebifera* (L.) Small
大戟科 Euphorbiaceae　乌桕属 *Triadica* Lour.

物种特征：乔木，高达5~10米。枝带灰褐色，有皮孔。叶互生，纸质，叶片阔卵状菱形，顶端短渐尖，基部阔而圆，全缘，网脉明显。花雌雄同株，聚集成顶生总状花序；雌花生于花序轴下部，雄花生于花序轴上部，或有时整个花序全为雄花。蒴果近球形，成熟时黑色，种子外被白色、蜡纸的假种皮。花期5~7月。

利用价值：优良木材，也具有极高的观赏价值。

校园分布：校园散生。如，金明校区北苑餐厅南门东南角1株。

花语：惜别、不舍和惋惜、深深的思念。

198.

重阳木 *Bischofia polycarpa* (Lévl.) Airy Shaw
叶下珠科 Phyllanthaceae　　秋枫属 *Bischofia* Blume

物种特征：落叶乔木，高达15米。树皮褐色，纵裂。羽状三出复叶，小叶纸质，卵形或椭圆状卵形，边缘具细锯齿；托叶小，早落。花雌雄异株，春季与叶同放，总状花序，下垂；雌花与雄花萼片相同，均为半圆形，有白色膜质边缘。果球形，熟时褐红色。花期4～5月，果期10～11月。

利用价值：通常作行道树和庭园观赏树栽培；适于建筑、造船、车辆、家具等用材。

校园分布：校园常见行道树或成片栽植。如，金明校区文甫路东段行道树，药学院以南林中。

花语：品性高洁。

199.

野老鹳草 *Geranium carolinianum* L.

牻牛儿苗科 Geraniaceae   老鹳草属 *Geranium* L.

物种特征：一年生草本。茎具棱角，密被倒向短柔毛。茎生叶互生或最上部对生；托叶披针形，外被短柔毛；茎下部叶具长柄，被倒向短柔毛，上部叶柄渐短。花序腋生和顶生，被倒生短柔毛和开展的长腺毛，每总花梗具2花，顶生总花梗常数个集生，呈伞形状；苞片钻状，被短柔毛；萼片外被毛；花瓣淡紫红色，倒卵形。蒴果长约2厘米，被糙毛，果瓣由下部先裂开向上卷曲。花期4～7月，果期5～9月。

利用价值：全草入药，有祛风收敛、止泻之效。

校园分布：校园常见，常成片生长。如，金明校区药学院以南林中。

花语：吉祥，欢快，警惕，努力。

200. 天竺葵 *Pelargonium hortorum* Bailey

牻牛儿苗科 Geraniaceae　　天竺葵属 *Pelargonium* L'Hér. ex Aiton

物种特征： 多年生草本。茎直立，基部木质化，上部肉质，具明显的节，密被短柔毛，具浓裂鱼腥味。叶互生，叶柄被细柔毛和腺毛；叶片圆形或肾形，茎部心形，边缘波状浅裂，两面被透明短柔毛。伞形花序腋生，具多花，总花梗长于叶，被短柔毛；总苞片数枚，宽卵形；花瓣红色、橙红、粉红或白色，宽倒卵形，基部具短爪。子房密被短柔毛。蒴果被柔毛。花期5～7月，果期6～9月。

利用价值： 盆栽供观赏；入药可平抚焦虑、沮丧情绪。

校园分布： 位于金明校区综合教学楼2号楼与3号楼之间盆栽。

花语：幸福在身边，想念、思念、怀念，陪伴在你的身边。

201.

紫薇 *Lagerstroemia indica* L.
千屈菜科 Lythraceae　紫薇属 *Lagerstroemia* L.

物种特征：落叶灌木或小乔木。树皮平滑，灰或灰褐色。叶互生或有时对生，纸质，椭圆形、宽长圆形或倒卵形，长2.5～7厘米，侧脉3～7对；无柄或叶柄很短。萼筒有纵棱，稍被粗毛，裂片6；花淡红、紫色或白色，常组成顶生圆锥花序；花瓣6，皱缩，具长爪，雄蕊多枚，外面6枚着生于花萼上，显著较长。蒴果椭圆状球形，幼时绿色至黄色，成熟时呈紫黑色。花期6～9月，果期9～12月。

利用价值：广泛栽培为庭园观赏树；木材坚硬、耐腐，可作农具、家具、建筑等用材。

校园分布：校园常见散生小乔木，金明校区校东门与中州路交汇处转盘西侧有1棵大树。

紫薇花对紫微翁，名目虽同貌不同。独占芳菲当夏景，不将颜色托春风。

——唐·白居易《紫薇花》

202.

千屈菜 *Lythrum salicaria* L.
千屈菜科 Lythraceae　　千屈菜属 *Lythrum* L.

物种特征：多年生草本，根茎粗壮。叶对生或3片轮生，披针形或宽披针形，先端钝或短尖，基部圆或心形，有时稍抱茎，无柄。聚伞花序，簇生，花梗及花序梗甚短，花枝似一大型穗状花序，苞片宽披针形或三角状卵形；附属体针状，直立，红紫色或淡紫色，基部楔形，着生于萼筒上部，有短爪，稍皱缩；雄蕊12，6长6短，伸出萼筒之外；子房2室，花柱长短不一。蒴果扁圆形。花果期7～9月。

利用价值：为药食兼用野生植物。

校园分布：位于金明校区地理与环境学院南边湖岸上。

花语：浪漫高贵，节节高升，顽强坚韧。

203.

石榴 *Punica granatum* L.
千屈菜科 Lythraceae　　石榴属 *Punica* L.

物种特征： 落叶灌木或乔木，高2～7米。幼枝常具棱角，老枝近圆形，顶端常具锐尖长刺。叶对生或近簇生，纸质，长圆形或倒卵形，叶面亮绿色，背面淡绿色，无毛。花两性，具短梗，萼筒通常红色或淡黄色，裂片略外展，卵状三角形，外面近顶端有1黄绿色腺体，边缘有小乳突；花瓣通常大，红色、黄色或白色，顶端圆形；花丝无毛，花柱长过花丝。浆果近球形，果皮厚，顶端具宿存花萼。种子多数，乳白色或红色，外种皮肉质，内种皮骨质。花期5～7月，果期9～10月。

利用价值： 果实可食用，性味甘、酸涩、温，具有杀虫、收敛等功效。

校园分布： 校园常见。如，金明校区图书馆前广场周边，特种功能材料重点实验室南侧林中。

> 别院深深夏席清，石榴开遍透帘明。树阴满地日当午，梦觉流莺时一声。
> ——宋·苏舜钦《夏意》

204.

小花山桃草 *Gaura parviflora* Dougl.
柳叶菜科 Onagraceae　　山桃草属 *Gaura* L.

物种特征： 一年生草本。全株尤茎上部、花序、叶、苞片、萼片密被伸展灰白色长毛与腺毛。基生叶宽倒披针形，茎生叶狭椭圆形。花序穗状，有时具少数分枝，生茎枝顶端，常下垂；苞片线形，花管带红色；花瓣白色，以后变红色，倒卵形；花丝基部具鳞片状附属物，花药黄色，长圆形，花粉在开花时或开花前直接授粉在柱头上（自花受精）。蒴果坚果状，纺锤形。花期7～8月，果期8～9月。
利用价值： 可入药，具有清热消肿、化瘀止血、止痛等功效。
校园分布： 校园常见，成片生长或散生于向阳处。

花语：仙人指路，成功的希望。

205.

黄连木 *Pistacia chinensis* Bunge
漆树科 Anacardiaceae　黄连木属 *Pistacia* L.

物种特征：落叶乔木。树干扭曲，树皮暗褐色，呈鳞片状剥落。幼枝灰棕色，具细小皮孔。偶数羽状复叶互生，具10～14小叶，叶轴具条纹。花单性异株，先花后叶；圆锥花序腋生，雄花序排列紧密，雌花序排列疏松；花小，花梗长约1毫米。核果倒卵状球形，略压扁，成熟时紫红色，干后具纵向细条纹，先端细尖。花期3～4月，果期9～11月。

利用价值：可作行道树；木材鲜黄色，可提黄色染料；材质坚硬致密，可供家具和细工用材。

校园分布：位于金明校区物理与电子学院北侧路北林中。

花语：大器晚成。

206.

黄栌 *Cotinus coggygria* Scop. var. *cinereus* Engl.
漆树科 Anacardiaceae　　黄栌属 *Cotinus* Tourn. ex Mill.

物种特征：灌木。叶倒卵形或卵圆形，先端圆形或微凹，基部圆形或阔楔形，全缘，叶柄短。圆锥花序被柔毛，花杂性，花梗长7~10毫米；花萼无毛，裂片呈卵状三角形；花瓣卵形或卵状披针形，长2~2.5毫米，无毛；雄蕊5，长约1.5毫米，花药卵形，与花丝等长，花盘5裂，紫褐色；子房近球形，花柱3，分离，不等长。果肾形，长约4.5毫米，宽约2.5毫米，无毛。花期2~8月，果期5~11月。

利用价值：叶秋季变红，可观赏；木材黄色，古代作黄色染料；树皮和叶可提栲胶。

校园分布：金明校区图书馆东侧路东栽培1株。

花语：感恩与坚强。

207.

火炬树 *Rhus typhina* L.
漆树科 Anacardiaceae　　盐麸木属 *Rhus* Tourn. ex L.

物种特征：落叶灌木或小乔木，株高 4～8 米，树形不整齐。小枝粗壮，红褐色，密生绒毛。叶轴无翅，小叶 19～23，长椭圆状披针形，先端长渐尖，有锐锯齿。雌雄异株，圆锥花序长 10～20 厘米，直立，密生绒毛，花白色。核果深红色，密被毛，密集成火炬形。花期 6～7 月，果期 9～10 月。

利用价值：用于园林观赏；其适应性强，可用造林绿化、护坡固堤及封滩固沙。

校园分布：位于金明校区光伏材料省重点实验室北侧双兰路路北林中，靠近湖边。

花语：浴火重生。

208.

三角槭 *Acer buergerianum* Miq.

无患子科 Sapindaceae　槭属 *Acer* L.

物种特征：落叶乔木。树皮褐色或深褐色，粗糙。小枝细瘦；当年生枝紫色或紫绿色，近于无毛；多年生枝淡灰色或灰褐色，稀被蜡粉。冬芽小，褐色，长卵圆形，鳞片内侧被长柔毛。叶纸质，基部近于圆形或楔形，通常3浅裂，裂片向前延伸，稀全缘。花多数常成顶生被短柔毛的伞房花序。翅果黄褐色，小坚果特别凸起，翅张开成锐角或近于直立。花期4月，果期8月。

利用价值：作庭荫树、行道树及护岸树种。

校园分布：见于金明校区双兰路以北林中以及药学院以南林中。

> 远上寒山石径斜，白云生处有人家。停车坐爱枫林晚，霜叶红于二月花。
> ——唐·杜牧《山行》

209.

建始槭 *Acer henryi* Pax
无患子科 Sapindaceae　槭属 *Acer* L.

物种特征： 落叶乔木，树皮灰褐色。小枝圆柱形，当年生嫩枝紫绿色，有短柔毛，多年生老枝浅褐色，无毛。3小叶复叶，薄纸质，小叶椭圆形，全缘或顶端具3～5对钝齿，下面叶脉密被毛，老时脱落；叶柄被毛；穗状花序，下垂，被柔毛，常侧生于2～3年生老枝上。花单性，雌雄异株；花梗极短或无，萼片卵形，花瓣短小或不发育；雄蕊5，偶见4或6，雌花子房无毛。幼果紫色，熟后黄褐色，两翅展开成锐角或近直角。花期4月，果期9月。与梣叶槭主要区别在于，后者当年生枝绿色，小叶3～7。

利用价值： 可作庭荫树。

校园分布： 位于金明校区中州路（环路）西南角段路南行道树。

210.

梣叶槭 *Acer negundo* L.

无患子科 Sapindaceae　　槭属 *Acer* L.

物种特征：落叶乔木，高达 20 米，树皮黄褐色或灰褐色。小枝光滑，被白粉。奇数羽状复叶，小叶 3～7，卵形至椭圆状披针形，常有 3～5 个粗锯齿，顶生小叶 3 浅裂。雌雄异株，雄花序聚伞状，雌花序总状，均由无叶的小枝旁生出，常下垂；花小，黄绿色，无花瓣及花盘，雄花花柄细长，雄蕊 4～6。果翅狭长，两翅展开成锐角或近于直角。花期 4～5 月；果期 8～9 月。与建始槭主要区别在于，后者当年生嫩枝紫绿色，具短柔毛，小叶常 3。

利用价值：常作行道树；早春开花，花蜜很丰富，是很好的蜜源植物。

校园分布：见于金明校区图书馆西南角林中，药学院以南林中，地理与环境学院南林中。

萧萧浅绛霜初醉，槭槭深红雨复然。染得千林秋一色，还家只当是春天。
　　　　　　　　——明·柳应芳《赋得千山红树送姚园客还闽》

211.

飞蛾槭 *Acer oblongum* Wall. ex DC.
无患子科 Sapindaceae 　　槭属 *Acer* L.

物种特征：常绿乔木。树皮粗糙，裂成薄片脱落。当年生嫩枝紫色或紫绿色，近于无毛；多年生老枝褐色或深褐色。叶革质，长圆卵形，全缘，幼叶有时 3 裂，下面被白粉。花绿色或黄绿色，雄花与两性花同株，伞房花序被短毛，顶生，雄蕊 8。翅果嫩时绿色，熟时淡黄褐色，果翅张开近于直角。花期 4 月，果期 9 月。与金沙槭主要区别在于，后者叶全缘或 3 裂，中裂片三角形，叶脉上面微现，下面显著，翅果两翅张开成钝角。

利用价值：其株型紧凑，叶两面异色，是优良的庭院观赏树种。

校园分布：位于金明校区药学院以南林中，光伏材料省重点实验室北侧路北林中。

花语：坚毅。

212.

金沙槭 *Acer paxii* Franch.

无患子科 Sapindaceae　槭属 *Acer* L.

物种特征：常绿乔木，可高达15米。树皮褐色至深褐色，粗糙，小枝无毛。叶革质或厚革质，卵形或倒卵形或近圆形，不裂或三裂，下面淡绿色，被白粉；叶柄紫绿色，无毛。伞房花序，花杂性；萼片黄绿色，披针形；花瓣白色，披针形或线状倒披针形。翅果，小坚果凸起，两翅成钝角，或近水平。花期3月，果期8月。与飞蛾槭主要区别在于，后者叶全缘，叶主脉在上面显著，下面凸起，翅果两翅张开近直角。

利用价值：树形优美，常作园林栽培树种。

校园分布：位于金明校区药学院以南林中。

213.

红槭 *Acer palmatum* 'Atropurpureum'
无患子科 Sapindaceae　槭属 *Acer* L.

物种特征：落叶小乔木，树皮深灰色。小枝细瘦，当年生枝紫色或淡紫绿色，多年生枝淡灰紫色或深紫色。叶纸质，红色，5～9掌状分裂，通常7裂，边缘具紧贴的尖锐锯齿。叶后开花，伞房花序；花紫色，杂性，雄花与两性花同株；萼片5，卵状披针形，花瓣5，椭圆形或倒卵形；翅果嫩时紫红色，成熟时淡棕黄色。小坚果球形，脉纹显著；两翅张开成钝角。花期5月，果期9月。

利用价值：用于园林绿化、观赏。

校园分布：位于金明校区药学院以南林中。

花语：热忱。

214.

五角槭 *Acer pictum* Thunb. ex Murray subsp. *mono* (Maxim.) Ohashi

无患子科 Sapindaceae　　槭属 *Acer* L.

物种特征： 落叶乔木。树皮粗糙，常纵裂，灰色，具圆形皮孔。叶纸质，常5裂，裂片卵形，裂片间的凹缺深达叶片的中段，全缘。花多数杂性，雄花与两性花同株，萼片与花瓣各5，长圆形；萼片黄绿色，花瓣淡白色，花药黄色。翅果嫩时紫绿色，成熟时淡黄色，小坚果压扁状。花期5月，果期9月。

利用价值： 因花叶同放，树姿优美，可作优良的绿化树种。

校园分布： 校园散生。如，金明校区曾宪梓楼北侧林中1株，药学院以南林中1株。

扶桑正是秋光好，枫叶如丹照嫩寒。却折垂杨送归客，心随东棹忆华年。

———鲁迅《送增田涉君归国》

215.

栾树 *Koelreuteria paniculata* Laxm.

无患子科 Sapindaceae　　栾属 *Koelreuteria* Laxm.

物种特征： 落叶乔木。树皮厚，灰褐色，老时纵裂。一回或不完全二回羽状复叶，小叶无柄或柄极短，对生或互生，有不规则钝锯齿。大型聚伞圆锥花序，分枝长而广展；苞片窄披针形，被粗毛；花淡黄色，稍芳香。萼裂片边缘具腺状缘毛，呈啮蚀状；花瓣4，开花时向外反折，具瓣爪，被长柔毛，瓣片基部的鳞片初时黄色，开花时橙红色；雄蕊8枚，花盘偏斜，有圆钝小裂片。蒴果圆锥形，具3棱，种子近球形。花期6～8月，果期9～10月。与复羽叶栾树主要区别在于，后者叶片为二回羽状复叶。

利用价值： 耐寒耐旱，常栽培作庭园观赏树或行道树；花供药用，亦可作黄色染料。

校园分布： 校园常见行道树。如，金明校区中州路（环路）北段，东北角段等处。

红的花开小春，碧檀栾树倚苍云。

——元·张可久《满庭芳·碧山丹房》

216.

复羽叶栾树 *Koelreuteria bipinnata* Franch.
无患子科 Sapindaceae　栾属 *Koelreuteria* Laxm.

物种特征： 乔木，高达 20 米，枝具小疣点。叶平展，二回羽状复叶；小叶互生，边缘有小锯齿或全缘。大型圆锥花序，顶生；萼 5 裂，边缘呈啮蚀状；花瓣 4，黄色，长圆状披针形，被长柔毛；雄蕊 8 枚，花丝被白色长柔毛。蒴果具 3 棱，淡紫红色，老熟时褐色，果瓣外面具网状脉纹，内面有光泽。种子近球形。花期 7～9 月，果期 8～10 月。与栾树主要区别在于，后者叶片为一回或不完全二回羽状复叶。

利用价值： 常栽培于庭园供观赏；木材可制家具。

校园分布： 复羽叶栾树和全缘叶栾树为校园常见行道树。如，金明校区中州路北段等处。

花语：奇妙震撼，绚烂一生。

217.

七叶树 *Aesculus chinensis* Bunge
无患子科 Sapindaceae 　 七叶树属 *Aesculus* L.

物种特征：落叶乔木，树皮深褐色或灰褐色。掌状复叶，由5～7小叶组成；叶纸质，长圆披针形至长圆倒披针形。花序圆筒形，平斜向伸展；花杂性，雄花与两性花同株；花瓣白色，长圆倒卵形至长圆倒披针形；花丝线状，花药长圆形，淡黄色；花柱无毛。果实球形或倒卵圆形，黄褐色，无刺，密被斑点。种子近球形，栗褐色，种脐白色。花期4～5月，果期10月。

利用价值：优良的行道树和庭园树；木材细密可制造各种器具；种子可作药用，榨油。

校园分布：位于金明校区中州路（环路）东段偏北行道树，文甫路西段行道树。

森森佳木映阳坡，不比槐阴十讼多。谁见一花如菡萏，人传七叶是娑罗。
——元·凌云翰《东圆分题七叶坡为王景周赋》

218.

花椒 *Zanthoxylum bungeanum* Maxim.
芸香科 Rutaceae　　花椒属 *Zanthoxylum* L.

物种特征： 落叶小乔木，茎干被粗壮皮刺。小枝上刺基部宽扁直伸，幼枝被柔毛。奇数羽状复叶，叶轴具窄翅，小叶对生，无柄，纸质，卵形椭圆形，先端急尖或短渐尖；上面无毛，下面基部中脉两侧具簇生毛。聚伞状圆锥花序顶生，花序轴及花梗密被柔毛或无毛；花被片6～8，黄绿色，大小及形状近相似。果紫红色，散生凸起油腺点，顶端具甚短芒尖或无。花期4～5月，果期8～9月。

利用价值： 常作调味料；入药具温中行气、逐寒等功效；其木材具美工价值。

校园分布： 位于金明校区光伏材料省重点实验室楼前。

调浆美著骚经上，涂壁香凝汉殿中。鼎铫也应知此味，莫教姜桂独成功。
　　　　　　　　　　　　　　　　　　——宋·刘子翚《花椒》

219.

臭椿 *Ailanthus altissima* (Mill.) Swingle
苦木科 Simaroubaceae 臭椿属 *Ailanthus* Desf.

物种特征： 落叶乔木，株高达20米，树皮光滑而有直纹。嫩枝有髓，幼时被黄或黄褐色柔毛，后脱落。奇数羽状复叶，总叶柄长7～13厘米，小叶13～27；小叶纸质，全缘，或两侧各具1或2粗锯齿，齿背有1腺体，散发臭味。圆锥花序，花淡绿色；萼片5，覆瓦状排列；花瓣5，基部两侧被硬粗毛；雄蕊10，花丝基部密被硬粗毛；心皮5，花柱黏合，柱头5裂。翅果长椭圆形，种子位于翅的中间。花期4～5月，果期8～10月。与香椿主要区别在于，后者树皮深褐色，常片状脱落，偶数羽状复叶（稀奇数），具香味，花白色，果实为蒴果，种子带翅。

利用价值： 木材可做农具；树皮、根皮、果实均可入药，有清热利湿、收敛止痢等效。

校园分布： 位于金明校区中州路（环路）东段行道树，东操场周边行道树，其他地方偶见。

车渠地无尘，行至瑶池滨。森森椿树下，白龙来嗅人。
———唐·贯休《梦游仙四首》

220.

香椿 *Toona sinensis* (A. Juss.) Roem.
楝科 Meliaceae 香椿属 *Toona* (Endl.) M. Roem.

物种特征： 乔木。树皮粗糙，深褐色，片状脱落。偶数羽状复叶，小叶对生或互生，纸质，全缘或有疏离的小锯齿，两面均无毛，无斑点，背面常呈粉绿色。圆锥花序与叶等长或更长，小聚伞花序生于短的小枝上，多花；花瓣白色，长圆形。蒴果深褐色，有小而苍白色的皮孔；果瓣薄。种子基部通常钝，上端有膜质的长翅，下端无翅。花期6～8月，果期10～12月。与臭椿主要区别在于，后者为树皮灰白，较光滑，奇数羽状复叶，具异臭味，花淡绿色，果实为翅果。

利用价值： 幼芽嫩叶可供蔬食；木材为家具、室内装饰品及造船的优良木材。

校园分布： 位于金明校区华苑学生公寓院内。

花语：长寿安康和招来福运。

221.

楝 *Melia azedarach* L.
楝科 Meliaceae　楝属 *Melia* L.

物种特征：落叶乔木，树皮灰褐色，纵裂。二至三回奇数羽状复叶，小叶卵形、椭圆形或披针形，具钝齿，幼时被星状毛，后脱落，侧脉 12～16 对。花芳香，花瓣淡紫色，倒卵状匙形，两面均被毛；花萼 5 深裂，裂片卵形或长圆状卵形；雄蕊 10，花丝筒紫色，具 10 窄裂片，每裂片 2～3 齿裂，花药着生于裂片内侧，子房 5～6 室。核果球形或椭圆形。花期 4～5 月，果期 10～11 月。

利用价值：良好造林树种；木材纹理粗而美，施工易，是家具等良好用材。

校园分布：校园多株散生。如，金明校区经济学院东侧 1 株，文甫路东头路北 1 株等。

小雨轻风落楝花，细红如雪点平沙。槿篱竹屋江村路，时见宜城卖酒家。

——宋·王安石 《钟山晚步》

222.

苘麻 *Abutilon theophrasti* Medicus
锦葵科 Malvaceae　苘麻属 *Abutilon* Mill.

物种特征：一年生亚灌木，或直立草本，茎枝被柔毛。叶互生，圆心形，先端长渐尖，基部心形，边缘具细圆锯齿，两面均密被星状柔毛；叶柄被星状细柔毛；托叶早落。花单生于叶腋，花梗被柔毛，近顶端具节；花黄色，花瓣倒卵形；雄蕊柱平滑无毛，心皮排列成轮状，密被软毛。蒴果半球形，分果爿15～20，被粗毛，顶端具长芒2。种子肾形，褐色，被星状柔毛。花期7～8月。

利用价值：其茎皮纤维色白，可编织麻袋、搓绳索、编麻鞋等纺织材料。

校园分布：校园偶见。如，金明校区生命科学学院北侧林中草地上。

麻叶层层苘叶光，谁家煮茧一村香。隔篱娇语络丝娘。
——宋·苏轼《浣溪沙》

223.

蜀葵 *Alcea rosea* L.
锦葵科 Malvaceae　　蜀葵属 *Alcea* L.

物种特征：二年生直立草本，茎枝密被刺毛。叶近圆心形，掌状5～7浅裂或波状棱角，裂片三角形或圆形，上面疏被星状柔毛，粗糙，下面被星状长硬毛或绒毛；叶柄被星状长硬毛；托叶卵形，先端具3尖。花腋生，单生或近簇生，排列成总状花序式；小苞片基部合生，杯状；萼钟状；花大，有红、紫、白、粉红、黄和黑紫等色，单瓣或重瓣，花瓣倒卵状三角形，先端凹缺；果盘状，被短柔毛。花期2～8月。

利用价值：全草入药，有清热止血、消肿解毒之功效；茎皮含纤维可代麻用。

校园分布：位于金明校区棉花生物学国家重点实验室门口西侧，药学院以南林中。

喻艳众葩，冠冕群英。类麻能直，方葵不倾。

——南朝宋·颜延之《蜀葵》

224.

梧桐 *Firmiana simplex* (L.) W. Wight
锦葵科 Malvaceae　　梧桐属 *Firmiana* Marsili.

物种特征： 落叶乔木。树皮青绿色，平滑。叶掌状 3～5 裂，裂片三角形，先端渐尖，基部深心形，两面无毛或微被柔毛，叶柄与叶片等长。大型圆锥花序顶生，花淡黄绿色；萼片线形，外卷，被淡黄色柔毛，内面基部被柔毛；花梗与花近等长。蓇葖果膜质，成熟前开裂成叶状，外面被短茸毛或几无毛，每蓇葖果有种子 2～4 粒。种子圆球形，表面有皱纹。花果期 6～9 月。

利用价值： 可做庭院观赏树木；木材为制木匣和乐器的良材；茎叶花果均可药用。

校园分布： 位于金明校区文甫路东段路南林中。

高梧百尺夜苍苍，乱扫秋星落晓霜。如何不向西州植，倒挂绿毛幺凤皇。

————清·郑板桥《咏梧桐》

225.

陆地棉 *Gossypium hirsutum* L.
锦葵科 Malvaceae 棉属 *Gossypium* L.

物种特征： 一年生草本，小枝疏被长毛。叶阔卵形，基部心形或心状截头形，常3浅裂，少为5裂，裂片宽三角状卵形，上面近无毛，沿脉被粗毛，下面疏被长柔毛；叶柄疏被柔毛；托叶卵状镰形，早落。花单生于叶腋，花梗通常较叶柄略短；小苞片3，分离，边缘具7～9齿；花萼杯状，三角形，具缘毛；花白色或淡黄色，后变淡红色或紫色。蒴果卵圆形，具喙，3～4室；种子分离，卵圆形，具白色长棉毛和灰白色不易剥离的短棉毛。花期夏秋季。

利用价值： 棉花为纺织工业最主要的原料；种子榨油，供工业润滑油和农村点灯用。

校园分布： 位于金明校区生命科学学院东侧实验田栽培。

五月棉花秀，八月棉花干。花开天下暖，花落天下寒。

——清·马苏臣《棉花》

226.

小花扁担杆 *Grewia biloba* G. Don var. *parviflora* (Bunge) Hand.-Mazz.
锦葵科 Malvaceae   扁担杆属 *Giewia* L.

物种特征： 落叶灌木，高 1～4 米。小枝和叶柄密生黄褐色短毛。叶菱状卵形或菱形，先端渐尖或急尖，上面生有星状短柔毛，下面密被黄褐色软茸毛。聚伞花序与叶对生，有多数花或为 3 花；花淡黄色；萼片 5，狭披针形，长 4～8 毫米，外面密生短绒毛。核果红色，直径 8～12 毫米，无毛，2 裂，每裂有 2 小核。花期 5 月，果期 10 月。

利用价值： 观花、观果灌木，适于庭园、风景区丛植；茎皮可代麻。

校园分布： 位于金明校区综合教学楼 6 号楼北侧文甫路以北林中。

227.

木槿 *Hibiscus syriacus* L.

锦葵科 Malvaceae　　木槿属 *Hibiscus* L.

物种特征： 落叶灌木。叶菱形至三角状卵形，先端钝，基部楔形，边缘具不整齐齿缺；叶柄上面被星状柔毛；托叶线形，疏被柔毛。花单生枝端叶腋；小苞片6~8，线形；花萼钟形，裂片5，三角形；花冠钟形，淡紫色，花瓣5；雄蕊柱长约3厘米，花柱分枝5。蒴果卵圆形，密被黄色星状绒毛。种子肾形，背部被黄白色长柔毛。花期7~10月。

利用价值： 主供园林观赏用，或作绿篱材料；茎皮富含纤维，供造纸原料。

校园分布： 位于金明校区志义体育场门前，物理与电子学院北双兰路北林中等处。

爱花朝朝开，怜花暮即落。颜色虽可人，赋质无乃薄。

——明·舒頔《木槿》

228.

少脉椴 *Tilia paucicostata* Maxim.
锦葵科 Malvaceae　椴属 *Tilia* L.

物种特征： 乔木。嫩枝纤细，无毛，芽体细小，无毛或顶端有茸毛。叶薄革质，卵圆形，上面无毛，下面秃净或有稀疏微毛，脉腋有毛丛，边缘有细锯齿。聚伞花序，有花6～8朵，花序柄纤细，无毛；总苞片狭倒披针形；花柄上下两面近无毛，下半部与花序柄合生；萼片长卵形，外面无星状柔毛；花瓣长5～6毫米；退化雄蕊比花瓣短小，子房被星状茸毛，花柱无毛。果实倒卵形。花期7月。

利用价值： 木材可供建筑、农具及家具用；茎皮纤维代麻用。

校园分布： 位于金明校区特种功能材料重点实验室南侧林中。

花语：夫妻之爱。

229.

结香 *Edgeworthia chrysantha* Lindl.
瑞香科 Thymelaeaceae 结香属 *Edgeworthia* Meisn.

物种特征： 落叶灌木，高达2米，茎皮极强韧，可打结。小枝粗，常3叉分枝，棕红或褐色，幼时被绢状毛。叶痕大，叶互生，纸质，两面被灰白色丝状柔毛，侧脉10～20对；叶柄被毛。先叶开花，头状花序顶生或侧生，下垂，有花30～50朵，结成绒球状；花序梗被白色长硬毛；总苞片披针形，被毛，开花时脱落；花黄色，芳香，萼筒外面密被丝状毛，内面无毛。果卵形，绿色，顶端有毛。花期冬末春初，果期春夏间。

利用价值： 可观赏；茎皮纤维可做高级纸及人造棉原料；全株入药能舒筋活络、消炎止痛。

校园分布： 位于金明校区图书馆北墙根和南墙根。

细蕊缀纷纷，淡粉轻脂最可人。懒与凡葩争艳冶，清新。赢得嘉名自冠群。

——清·顾太清《南乡子·咏瑞香》

230.

青菜 *Brassica rapa* L. var. *chinensis* (L.) Kitam.
十字花科 Brassicaceae　芸薹属 *Brassica* L.

物种特征： 一年或二年生草本，高 25～70 厘米，无毛，带粉霜。茎直立，有分枝。基生叶倒卵形或宽倒卵形，深绿色，有光泽；下部茎生叶和基生叶相似；上部茎生叶倒卵形或椭圆形，微带粉霜。总状花序顶生，呈圆锥状；花浅黄色；萼片长圆形，直立开展，白色或黄色；花瓣长圆形，有脉纹。长角果线形，果瓣有明显中脉及网结侧脉；喙顶端细，基部宽。种子球形，紫褐色，有蜂窝纹。花期 4 月，果期 5 月。与芸薹主要区别在于，后者基生叶大头羽裂，下部茎生叶羽状半裂。

利用价值： 嫩叶供蔬菜用，为我国最普遍蔬菜之一。

校园分布： 位于金明校区生命科学学院实验田栽培。

青菜青丝白玉盘，西湖回首忆临安。竹篱茅舍逢春日，乐得梅花带雪看。
——宋·李石《立春》

叁·被子植物

231.

芸薹 *Brassica rapa* L. var. *oleifera* DC.
十字花科 Brassicaceae　芸薹属 *Brassica* L.

物种特征： 二年生草本。茎粗壮，直立，稍带粉霜。基生叶大头羽裂，顶裂片圆形或卵形，边缘有不整齐弯缺牙齿；叶柄宽，基部抱茎；下部茎生叶羽状半裂，基部抱茎，两面有硬毛及缘毛；上部茎生叶长圆状倒卵形或长圆状披针形，基部心形，两侧有垂耳。总状花序在花期成伞房状，以后伸长；花鲜黄色；萼片4，直立开展，稍有毛；花瓣4，倒卵形，顶端近微缺。长角果线形，果瓣有中脉及网纹，喙直立。种子球形，紫褐色。花期3～4月，果期5月。与青菜主要区别在于，后者基生叶倒卵形或宽倒卵形，基部渐狭成叶柄。

利用价值： 种子含油量40%左右，为主要油料植物之一；嫩茎叶和总花梗作蔬菜。

校园分布： 位于金明校区生命科学学院东侧实验田，作物逆境适应与改良国家重点实验室实验田。

　　　　篱落疏疏一径深，树头花落未成阴。儿童急走追黄蝶，飞入菜花无处寻。
　　　　　　　　　　　　　　　　　　　　——宋·杨万里《宿新市徐公店》

232.

荠 *Capsella bursa-pastoris* (L.) Medik.

十字花科 Brassicaceae　荠属 *Capsella* Medik.

物种特征：一年或二年生草本。基生叶丛生呈莲座状，大头羽状分裂，顶裂片卵形至长圆形，侧裂片长圆形至卵形；茎生叶窄披针形或披针形，基部箭形，抱茎，边缘有缺刻或锯齿。总状花序顶生及腋生，萼片长圆形，花瓣白色，卵形，有短爪。短角果倒三角形或倒心状三角形，扁平，无毛，顶端微凹，裂瓣具网脉。种子2行，长椭圆形，浅褐色。花果期4～6月。

利用价值：全草入药，有利尿、止血、清热、明目、消积功效；茎叶作蔬菜食用。

校园分布：草地常见成片或分散生长。

春入平原荠菜花，新耕雨后落群鸦。多情白发春无奈，晚日青帘酒易赊。
——宋·辛弃疾《鹧鸪天·游鹅湖醉书家壁》

233.

碎米荠 *Cardamine occulta* Hornem.
十字花科 Brassicaceae 碎米荠属 *Cardamine* L.

物种特征：一年生小草本，高15～35厘米。茎直立或斜升，分枝或不分枝，下部有时淡紫色；基生叶具叶柄，顶生小叶肾形或肾圆形，基部楔形；茎生叶具短柄，顶生小叶菱状长卵形，顶端3齿裂；全部小叶两面稍有毛。总状花序生于枝顶，花小，花梗纤细；萼片绿色或淡紫色，边缘膜质，外面有疏毛；花瓣白色，倒卵形。长角果线形，稍扁，无毛。种子椭圆形，顶端有的具明显的翅。花期2～4月，果期4～6月。

利用价值：全草可作野菜食用；也供药用，能清热去湿。

校园分布：草地偶见杂草。如，金明校区生命科学学院东侧实验田。

碎米荠，如布谷，想为民饥天雨粟，官仓一日一开放，造物生生无尽藏，救饥，三月采，止可作齑。

——明·王磐《野菜谱》

234.

播娘蒿 *Descurainia sophia* (L.) Webb ex Prantl
十字花科 Brassicaceae　播娘蒿属 *Descurainia* Webb & Berthel.

物种特征：一年生草本。茎直立，基部分枝；被分枝毛，茎下部毛多。叶柄长约 2 厘米，叶长 6～19 厘米，宽 4～8 厘米，3 回羽状深裂，小裂片线形或长圆形。花序伞房状，果期伸长；萼片窄长圆形，背面具分叉柔毛；花瓣黄色，长圆状倒卵形，基部具爪；雄蕊 6，比花瓣长 1/3。长角果圆筒状，无毛，种子间缢缩，开裂；果瓣中脉明显。种子每室 1 行，小而多，长圆形，稍扁，淡红褐色，有细网纹。花果期 4～6 月。

利用价值：种子含油 40%，油工业用，可食用；种子可药用，有利尿消肿、祛痰定喘的效用。

校园分布：校园常见杂草。

花语：易逝。

235.

小花糖芥 *Erysimum cheiranthoides* L.
十字花科 Brassicaceae　糖芥属 *Erysimum* Tourn. ex L.

物种特征： 一年生草本。茎直立，有棱角，具2叉毛。基生叶莲座状，无柄，平铺地面，叶片有2~3叉毛；茎生叶披针形或线形，边缘具深波状疏齿或近全缘。总状花序顶生；萼片长圆形或线形，外面有3叉毛；花瓣浅黄色，长圆形，顶端圆形或截形，下部具爪。长角果圆柱形，侧扁，稍有棱，具3叉毛，果瓣有1条不明显中脉。种子卵形，淡褐色。花期5月，果期6月。

利用价值： 全草入药，有强心利尿、健脾胃功效；可食用。

校园分布： 校园偶见杂草。如，金明校区药学院以南林中草地，图书馆东侧路边等处。

春风只在园西畔，荠菜花繁胡蝶乱。冰池晴绿照还空，香径落红吹已断。
——宋·严仁《木兰花》

236.

独行菜 *Lepidium apetalum* Willd.
十字花科 Brassicaceae　独行菜属 *Lepidium* L.

物种特征：一年生或二年生草本。茎直立，基部多分枝，被头状腺毛、无毛或具微小头状毛。基生叶窄匙形，一回羽状浅裂或深裂；茎生叶向上渐由窄披针形至线形，有疏齿或全缘，疏被头状腺毛；无柄。总状花序；萼片卵形，早落；花瓣无或退化成丝状，短于萼片。短角果近圆形或宽椭圆形，顶端微凹，上部有短翅；果柄弧形，被头状腺毛。种子椭圆形，平滑，红棕色。花期4～8月，果期5～9月。与北美独行菜主要区别在于，后者茎单一直立，上部分枝。
利用价值：嫩叶作野菜食用；全草及种子供药用，有利尿、止咳、化痰功效；种子可榨油。
校园分布：路边或草地偶见。如，金明校区7号教学楼东侧。

花语：勇气。

237.

北美独行菜 *Lepidium virginicum* L.
十字花科 Brassicaceae   独行菜属 *Lepidium* L.

物种特征： 一年或二年生草本，高 20～50 厘米。茎单一，直立，上部分枝。基生叶倒披针形，长 1～5 厘米，羽状分裂或大头羽裂，边缘有锯齿；茎生叶倒披针形或线形，长 1.5～5 厘米。总状花序顶生，花瓣白色，倒卵形，和萼片等长或稍长；雄蕊 2 或 4。短角果近圆形，有窄翅，顶端微缺。种子卵形，长约 1 毫米，光滑，红棕色，边缘有窄翅。花期 4～5 月，果期 6～7 月。与独行菜主要区别在于，后者茎直立，基部常多分枝。

利用价值： 种子可入药，全草可作饲料。

校园分布： 路边或草地偶见。如，金明校区 7 号教学楼东侧。

238.

臭荠 *Lepidium didymum* L.
十字花科 Brassicaceae　　独行菜属 *Lepidium* L.

物种特征：一年或二年生匍匐草本，全体有臭味。主茎短且不明显，基部多分枝，无毛或有长单毛。叶为一回或二回羽状全裂，线形或窄长圆形，全缘，两面无毛。花极小，萼片具白色膜质边缘；花瓣白色，长圆形，比萼片稍长，或无花瓣。短角果肾形，果瓣半球形，表面有粗糙皱纹，成熟时分离成2瓣。种子肾形，红棕色。花期3月，果期4～5月。

利用价值：成熟后的种子可以榨油，也能入药，有利水消肿的功效。

校园分布：路边或草地偶见。如，金明校区7号教学楼东侧。

239.

诸葛菜 *Orychophragmus violaceus* (L.) O. E. Schulz
十字花科 Brassicaceae　　诸葛菜属 *Orychophragmus* Bunge

物种特征：一年或二年生草本，高 10～50 厘米，无毛。茎直立，基部或上部稍有分枝，浅绿色或带紫色。基生叶及下部茎生叶大头羽状全裂，叶柄疏生细柔毛；上部叶长圆形或窄卵形，顶端急尖，基部耳状，抱茎，边缘有不整齐牙齿。花紫色、浅红色或褪成白色；花萼筒状，紫色；花瓣宽倒卵形，密生细脉纹。长角果线形。种子卵形至长圆形，稍扁平，黑棕色，有纵条纹。花期 4～5 月，果期 5～6 月。

利用价值：观赏花卉；嫩叶可食用。

校园分布：位于金明校区作物逆境适应与改良国家重点实验室实验田。

郡圃椰荒雪，家山蓟浅沙。只今诸葛菜，何似邵平瓜。

———宋·李石《诸葛菜》

240.

萝卜 *Raphanus sativus* L.
十字花科 Brassicaceae　萝卜属 *Raphanus* L.

物种特征：二年生或一年生草本。根肉质，长圆形、球形或圆锥形，外皮白、红或绿色。茎高1米，分枝，被粉霜。基生叶和茎下部叶大头羽状分裂，顶裂片卵形，侧裂片2~6对，向基部渐小，长圆形，有锯齿，疏被单毛或无毛；上部叶长圆形或披针形，有锯齿或近全缘。总状花序顶生或腋生；萼片长圆形；花瓣白、粉红或淡红紫色，有紫色纹，倒卵形。长角果圆柱形，在种子间稍缢缩，横隔海绵质。种子卵圆形，红棕色。花期4~5月，果期5~6月。

利用价值：根作蔬菜食用；种子、鲜根等皆入药，种子消食化痰，鲜根止渴、助消化。

校园分布：位于金明校区生命科学学院东侧实验田。

待等间、留取遗芬，伴萝卜芳菲，蔷薇清沚。
——宋·赵崇嶓《金明池·素盘》

241.

涩芥 *Strigosella africana* (L.) Botsch.
十字花科 Brassicaceae　涩芥属 *Strigosella* Boiss.

物种特征：二年生草本，高达35厘米，密生单毛或叉状硬毛。茎直立，多分枝，有棱。叶先端钝，有小短尖，基部楔形，具波状齿或全缘；叶柄长0.5～1厘米或近无柄。总状花序，萼片长圆形，长4～5毫米；花瓣紫或粉红色；果序长达20厘米。长角果近四棱柱形，长3.5～7厘米，喙粗且长。种子长圆形，长约1毫米，浅棕色。花果期4～8月。

利用价值：具有较高观赏价值。

校园分布：校园偶见杂草。如，金明校区文甫路（东段）以南林中草地。

花语：奉献。

242.

柽柳 *Tamarix chinensis* Lour.
柽柳科 Tamaricaceae　　柽柳属 *Tamarix* L.

物种特征：小乔木或灌木，株高达8米。幼枝稠密纤细，常开展而下垂，红紫或暗紫红色，有光泽；叶鲜绿色，钻形或卵状披针形，背面有龙骨状突起，先端内弯。每年开花2~3次；春季总状花序侧生于去年生小枝，花大而少，小枝下垂；夏秋总状花序，花小而密，生于当年生幼枝顶端，组成顶生大圆锥花序，疏松而通常下弯；花粉红色，花盘5裂，或每裂片再2裂成10裂片状。蒴果圆锥形。花期4~9月。

利用价值：多栽培作观赏用，绿化环境的优良树种；枝叶药用为解表发汗药，有去除麻疹之效。

校园分布：位于金明校区图书馆南湖的北岸，综合教学楼西北角，下沉广场南边路东。

花语：赎罪。

243.

萹蓄 *Polygonum aviculare* L.
蓼科 Polygonaceae　萹蓄属 *Polygonum* L.

物种特征：一年生草本。茎平卧、上升或直立，自基部多分枝，具纵棱。叶全缘，两面无毛，下面侧脉明显；叶柄基部具关节；托叶鞘膜质，下部褐色，上部白色，撕裂脉明显。花单生或数朵簇生于叶腋，遍布于植株；苞片薄膜质；花梗细，顶部具关节；花被5深裂，花被片绿色，边缘白色或淡红色；雄蕊8，花柱3，柱头头状。瘦果卵形，具3棱，黑褐色，密被由小点组成的细条纹，无光泽，与宿存花被近等长或稍超过。花期5～7月，果期6～8月。

利用价值：全草供药用，有通经利尿、清热解毒功效。

校园分布：路边或草地偶见。如，金明校区护理与健康学院西侧路边。

244.

齿果酸模 *Rumex dentatus* L.
蓼科 Polygonaceae　　酸模属 *Rumex* L.

物种特征： 一年生草本。茎直立，自基部分枝，枝斜上，具浅沟槽。茎下部叶长圆形或长椭圆形，基部圆或近心形，边缘浅波状；茎生叶较小。花序总状，顶生和腋生，具叶，由数个再组成圆锥状花序，多花，轮状排列，花轮间断；花梗中下部具关节；外花被片椭圆形，内花被片果时增大，网纹明显，全部具小瘤，边缘每侧具 2～4 个刺状齿。瘦果卵形，具 3 锐棱，两端尖，黄褐色，有光泽。花期 5～6 月，果期 6～7 月。

利用价值： 根叶可入药，有去毒、清热、杀虫、治癣的功效。

校园分布： 位于金明校区地理与环境学院南边湖岸上。

花语：体贴。

245.

无心菜 *Arenaria serpyllifolia* L.
石竹科 Caryophyllaceae　无心菜属 *Arenaria* L.

物种特征：一年生草本，高达30厘米。茎丛生，密被白色柔毛。叶两面疏被柔毛，边缘具缘毛。聚伞花序，具多花；苞片草质，卵形，通常密生柔毛；花梗细直，密被柔毛或腺毛；萼片5，具3脉，被柔毛或腺毛；花瓣5，白色，倒卵形，短于萼片，全缘；雄蕊10，短于萼片；花柱3。蒴果卵圆形，与宿存萼等长，顶端6裂。种子小，肾形，表面粗糙，淡褐色。花期4～6月，果期5～7月。

利用价值：全草入药，清热解毒，治睑腺炎（麦粒肿）和咽喉痛等病。

校园分布：校园常见，常成片生长。

花语：草木岂无心。

246.

球序卷耳 *Cerastium glomeratum* Thuill.
石竹科 Caryophyllaceae　卷耳属 *Cerastium* L.

物种特征：一年生草本，高 10～20 厘米。茎单生或丛生，密被毛。茎下部叶片匙形，顶端钝；上部叶片倒卵状椭圆形，顶端急尖；叶基部渐狭成柄状，两面皆被长柔毛，边缘具缘毛。聚伞花序呈簇生状或呈头状；花序轴、苞片及花梗均密被毛；萼片 5，顶端尖，外面密被长腺毛，边缘狭膜质；花瓣 5，白色，与萼片近等长或微长，顶端 2 浅裂；雄蕊明显短于萼；花柱 5。蒴果长于宿存萼 0.5～1 倍，顶端 10 齿裂。种子褐色，具疣状凸起。花期 3～4 月，果期 5～6 月。

利用价值：全草可药用，有清热解毒、消肿止痛之效。

校园分布：草地常见成片生长。

朝采卷耳，于陵于冈。取叶存根，以备酒浆。嗟我怀人，在彼遐方。闵其勤劳，寤寐弗忘。
——宋·释文珦《朝采卷耳行》

247.

石竹 *Dianthus chinensis* L.
石竹科 Caryophyllaceae 石竹属 *Dianthus* L.

物种特征： 多年生草本，高 30～50 厘米，全株无毛。茎由根茎生出，直立，上部分枝；叶片线状披针形，全缘或有细小齿。花单生枝端，或数花集成聚伞花序；苞片 4，长达花萼 1/2 以上，边缘膜质；花萼圆筒形，有纵条纹；花瓣瓣片倒卵状三角形，紫红色、粉红色、鲜红色或白色，顶缘不整齐齿裂，喉部有斑纹，基部具长爪；雄蕊露出喉部外，花药蓝色；花柱线形。蒴果圆筒形，顶端 4 裂。种子黑色，扁圆形。花期 5～6 月，果期 7～9 月。

利用价值： 根和全草入药，可清热利尿、破血通经、散瘀消肿。

校园分布： 位于金明校区生命科学学院楼前。

春归幽谷始成丛，地面芬敷浅浅红。车马不临谁见赏，可怜亦解度春度。

——宋·王安石《石竹花》

248.

麦蓝菜 *Gypsophila vaccaria* Sm.
石竹科 Caryophyllaceae 石头花属 *Gypsophila* L.

物种特征： 一年或二年生草本，全株无毛，微被白粉，呈灰绿色。茎单生，直立，上部分枝。叶片卵状披针形或披针形，微抱茎，顶端急尖。伞房花序稀疏，花梗细；苞片披针形，着生花梗中上部；萼筒卵状圆锥形，后期微膨大，棱绿色，棱间绿白色，近膜质，萼齿小，边缘膜质；雌雄蕊柄极短；花瓣淡红色，具淡绿色爪，瓣片狭倒卵形，斜展或平展，微凹缺，有时具不明显的缺刻。蒴果宽卵形或近圆球形。种子近圆球形，红褐色至黑色。花期5～7月，果期6～8月。

利用价值： 种子入药，可治经闭、乳汁不通、乳腺炎和痈疖肿痛。

校园分布： 位于金明校区作物逆境适应与改良国家重点实验室东围墙外。

王不留行，曰禁宫花，曰剪金花，叶似花，实作房。

——《神农本草经》

249.

鹅肠菜 *Myosoton aquaticum* (L.) Moench

石竹科 Caryophyllaceae　　鹅肠菜属 *Myosoton* Moench

物种特征：多年生草本。茎上升，多分枝，长50～80厘米。茎下部卵形叶对生，边缘波状，叶柄长0.5～1厘米，上部叶常无柄。顶生二歧聚伞花序；苞片叶状，边缘具腺毛；花白色，花瓣5，2深裂至基部，裂片线形或披针状线形；萼片5，卵状披针形，被腺毛；雄蕊10，子房1室，花柱5。蒴果卵圆形，5瓣裂至中部，裂瓣2齿裂。种子扁肾圆形，径约1毫米，具小疣。花期5～6月，果期6～8月。与繁缕主要区别为，后者植株变异较大，茎被1～2列毛，柱头3。

利用价值：全草供药用，可祛风解毒，外敷治疔疮；幼苗可作野菜和饲料。

校园分布：位于金明校区作物逆境适应与改良国家重点实验室实验田。

花语：恩惠。

250.

高雪轮 *Silene armeria* L.
石竹科 Caryophyllaceae　　蝇子草属 *Silene* L.

物种特征：一年生草本，高达50厘米。直立茎单生，上部有黏液。基生叶匙形，茎生叶卵形或卵状披针形，长2.5～7厘米，基部半抱茎。复伞房花序；花萼长筒状棒形，长1.2～1.5厘米，带紫色；花瓣淡红色，爪倒披针形，内藏，瓣片倒卵形；副花冠片长约3毫米，淡红色；雄蕊微外露，花柱微外露。蒴果长圆形，长6～7毫米。种子圆肾形，长约0.5毫米，具短条状突起。花期5～6月，果期6～7月。与麦瓶草主要区别在于，后者为二歧聚伞花序，副花冠白色，萼筒圆锥形，基部脐形，果期膨大，下部宽卵形。

利用价值：栽培供观赏；根可入药，具清热凉血功效。

校园分布：位于金明校区作物逆境适应与改良国家重点实验室东围墙外。

花语：欺骗、骗子，坚忍。

251.

麦瓶草 *Silene conoidea* L.
石竹科 Caryophyllaceae　蝇子草属 *Silene* L.

物种特征：一年生草本，茎丛生。基生叶匙形，茎生叶长圆形或披针形，两面被短柔毛，具缘毛。二歧聚伞花序，具数花，花直立；花梗被腺柔毛；花萼圆锥形，绿色，基部脐形，果期膨大，下部宽卵形，沿脉被腺毛；花瓣粉红色，窄披针形，具耳，瓣片倒卵形，全缘或微啮蚀状；副花冠窄披针形，白色，顶端具浅齿；雄蕊微伸出或内藏，花柱微伸出。蒴果梨状，黄色，有光泽，顶端6齿裂。种子肾形，暗褐色，具小疣。花期5～6月，果期6～7月。与高雪轮主要区别在于，后者为复伞房花序，萼筒长筒状棒形，带紫色。

利用价值：全草药用，治鼻衄、吐血、尿血、肺脓肿和月经不调等症。

校园分布：位于金明校区生命科学学院东侧实验田田埂。

花语：坚忍，陷阱。

252.

繁缕 *Stellaria media* (L.) Vill.
石竹科 Caryophyllaceae　繁缕属 *Stellaria* L.

物种特征： 一至二年生草本。茎俯仰或上升，基部多少分枝，常带淡紫红色，被1~2列毛。叶卵形，先端尖，基部渐窄，全缘；下部叶具柄，上部叶常无柄。疏聚伞花序顶生，或单花腋生，萼片5，卵状披针形，先端钝圆，花瓣5，短于萼片，2深裂近基部；雄蕊3~5，短于花瓣，花柱短线形。蒴果卵圆形，稍长于宿萼，顶端6裂。种子多数，红褐色，表面具半球形瘤状突起，脊较显著。花期6~7月，果期7~8月。与鹅肠菜主要区别为，后者植株较粗壮，茎常紫红色，被腺毛，柱头5。

利用价值： 茎、叶及种子供药用，嫩苗可食。

校园分布： 草地常见成片生长。

花语：福寿安康，雄辩。

253.

皱果苋 *Amaranthus viridis* L.
苋科 Amaranthaceae　苋属 *Amaranthus* L.

物种特征： 一年生草本，全体无毛。茎直立，有不显明棱角，稍有分枝，绿色或带紫色。叶片全缘或微呈波状缘，叶柄绿色或带紫红色。圆锥花序顶生，有分枝，由穗状花序形成，顶生花穗比侧生者长；苞片及小苞片披针形，顶端具凸尖；花被片内曲，顶端急尖，背部有1绿色隆起中脉；雄蕊比花被片短，柱头3或2。胞果扁球形，绿色，不裂，极皱缩，超出花被片。种子近球形，黑色或黑褐色，具薄且锐的环状边缘。花期6～8月，果期8～10月。

利用价值： 嫩茎叶可作野菜食用，也可作饲料；全草入药，有清热解毒、利尿止痛的功效。

校园分布： 校园少见散生。如，金明校区生命科学学院东实验田田埂等处。

254.

藜 *Chenopodium album* L.
苋科 Amaranthaceae 藜属 *Chenopodium* L.

物种特征： 一年生草本。茎直立，粗壮，具条棱及色条，多分枝。叶菱状卵形或宽披针形，具不整齐锯齿。花两性，常数个团集于枝上部，组成穗状圆锥状或圆锥状花序；花被扁球形或球形，5深裂，裂片宽卵形或椭圆形，背面具纵脊，边缘膜质。种子横生，双凸镜形，周边钝，黑色，有光泽，具浅沟状纹饰。花果期5～10月。与小藜主要区别为，后者叶卵状矩圆形，通常3浅裂，侧裂片常各具2浅裂齿。

利用价值： 幼苗可作蔬菜，茎叶可喂家畜；果实（称灰藋子），有些地区代"地肤子"药用。

校园分布： 校园常见杂草，常成片生长。

255.

藜麦 *Chenopodium quinoa* Willd.

苋科 Amaranthaceae 藜属 *Chenopodium* L.

物种特征： 一年生草本，根系庞大。茎高0.3～3米不等，茎部质地硬，分枝或不分枝。单叶互生，叶片呈菱状卵形，叶全缘或中下部各具2浅裂齿。花两性，花序呈伞状、穗状、圆锥状；穗部可呈红、紫、黄。种子较小，呈小圆药片状，直径1.5～2毫米，千粒重1.4～3克。花果期7～8月。与藜主要区别为，后者多分枝，叶菱状卵形至披针形，边缘具不规则锯齿，种子双凸镜状。

利用价值： 传统杂粮。

校园分布： 位于金明校区生命科学学院东侧实验田栽培。

256.

小藜 *Chenopodium ficifolium* Sm.
苋科 Amaranthaceae　藜属 *Chenopodium* L.

物种特征： 一年生草本，高 20～50 厘米。茎直立，具条棱及绿色色条。叶片卵状矩圆形，通常三浅裂；中裂片两边近平行，边缘具深波状锯齿；侧裂片位于中部以下，通常各具 2 浅裂齿。花两性，数个团集排列于上部的枝上，形成较开展的顶生圆锥状花序；花被近球形，5 深裂，裂片宽卵形，不开展。雄蕊 5，开花时外伸。胞果包在花被内，果皮与种子贴生。种子双凸镜状，黑色，有光泽。花期 4～5 月。与藜麦主要区别为，后者多分枝，叶菱状卵形，全缘或中下部各具 2 浅裂齿，种子呈圆药片状。

利用价值： 幼苗、嫩茎叶可食用；全草可药用，性甘苦、凉，有祛湿解毒、解热之效。

校园分布： 校园常见杂草，常成片生长。如，金明校区生命科学学院北侧草地及东侧实验田中。

257.

猪毛菜 *Salsola collina* Pall.
苋科 Amaranthaceae　碱猪毛菜属 *Salsola* L.

物种特征：一年生草本。茎自基部多分枝，枝互生，伸展，茎、枝绿色，有白色或紫红色条纹，生短硬毛或近于无毛，老茎整体紫红色。叶片丝状圆柱形，伸展或微弯曲，生短硬毛，顶端有刺状尖，基部边缘膜质，稍扩展而下延。花序穗状，生于枝条上部；苞片卵形，有刺状尖，边缘膜质，背部有白色隆脊；小苞片狭披针形，顶端有刺状尖，苞片及小苞片与花序轴紧贴。种子横生或斜生。花期7～9月，果期9～10月。

利用价值：全草入药，有降低血压作用；嫩茎、叶可供食用。

校园分布：位于金明校区作物逆境适应与改良国家重点实验室东围墙外。

258.

垂序商陆 *Phytolacca americana* L.
商陆科 Phytolaccaceae   商陆属 *Phytolacca* L.

物种特征： 多年生草本植物，高可达2米。根粗壮，肥大。茎直立，圆柱形，有时带紫红色。叶片椭圆状卵形或卵状披针形，顶端急尖，基部楔形。总状花序顶生或侧生，花白色，微带红晕；花被片5，雄蕊、心皮及花柱通常均为10，心皮合生。果序下垂，浆果扁球形。种子肾圆形，黑色，光亮。花期6～8月，果期8～10月。

利用价值： 根供药用，治水肿、风湿，并有催吐作用；叶有解热作用。

校园分布： 校园偶见。如，金明校区综合教学楼西南角林下，化学化工学院楼北侧。

花语：深沉的爱。

259.

叶子花 *Bougainvillea spectabilis* Willd.
紫茉莉科 Nyctaginaceae　　叶子花属 *Bougainvillea* Comm. ex Juss.

物种特征：藤状灌木。枝、叶密生柔毛；茎刺腋生、下弯。叶片椭圆形或卵形，基部圆形，有柄。花序腋生或顶生；苞片椭圆状卵形，基部圆形至心形，暗红色或淡紫红色；花被管狭筒形，绿色，密被柔毛，顶端5～6裂，裂片开展，黄色。果实密生毛。花期冬春间。

利用价值：栽培供观赏。

校园分布：见于金明校区生命科学学院盆栽。

花语：热情，坚韧不拔。

260.

紫茉莉 *Mirabilis jalapa* L.
紫茉莉科 Nyctaginaceae　　紫茉莉属 *Mirabilis* L.

物种特征： 一年生草本，高可达1米。根肥粗，倒圆锥形，黑色或黑褐色。茎直立，圆柱形，多分枝，无毛或疏生细柔毛，节稍膨大。叶片卵形或卵状三角形，全缘，两面均无毛。花常数朵簇生枝端；总苞钟形，具脉纹，果时宿存；花被紫红色、黄色、白色或杂色，高脚碟状，有香气；雄蕊5，常伸出花外，花柱单生。瘦果球形，革质，黑色，表面具皱纹；种子胚乳白粉质。花期6～10月，果期8～11月。

利用价值： 根、叶可供药用，有清热解毒、活血调经和滋补的功效。

校园分布： 位于金明校区药学院门前。

花语：贞洁，简洁，精致。

261.

马齿苋 *Portulaca oleracea* L.
马齿苋科 Portulacaceae　　马齿苋属 *Portulaca* L.

物种特征：一年生草本。全株无毛；茎平卧或斜倚，铺散，多分枝，圆柱形，淡绿或带暗红色。叶互生或近对生，扁平肥厚，倒卵形，全缘，上面暗绿色，下面淡绿或带暗红色；叶柄粗短。花无梗，常3～5簇生枝顶，午时盛开；萼片2，对生，绿色，盔形，背部龙骨状凸起，基部连合；花瓣(4)5，黄色，基部连合；花药黄色，子房无毛。蒴果卵球形，盖裂。种子黑褐色，具小疣。花期5～8月，果期6～9月。

利用价值：全草供药用，有清热利湿、解毒消肿、消炎、止渴、利尿作用；幼叶可食。

校园分布：位于金明校区生命科学学院东侧实验田杂草，他处偶见。

花语：永结同心。

262.

毛梾 *Cornus walteri* Wangerin
山茱萸科 Cornaceae　　山茱萸属 *Cornus* L.

物种特征： 落叶乔木。树皮厚，黑褐色，纵裂而又横裂成块状，老枝无毛。叶纸质，对生，上面疏被毛，下面及叶柄密被毛。顶生伞房状聚伞花序，花较密，被短柔毛，花白色；花萼裂片三角形，外侧疏生白色平伏毛；花瓣窄三角状披针形，外侧被毛；花托倒卵形，密被短柔毛；花梗疏被毛。核果圆球形，成熟时黑色，被白色平伏毛；核骨质，扁圆形，肋纹不明显。花期5～6月，果期7～9月。

利用价值： 绿化树木；果实含油可达27%～38%，供食用或作高级润滑油；可做木材。

校园分布： 位于金明校区光伏材料省重点实验室楼以北林中。

花语：顽强，内敛。

263.

君迁子 *Diospyros lotus* L.
柿科 Ebenaceae　柿属 *Diospyros* L.

物种特征：落叶乔木，树冠近球形或扁球形。叶近膜质，上面深绿色，有光泽。雄花1～3朵，簇生于叶腋；花萼钟形，4裂，偶有5裂；花冠壶形，带红色或淡黄色；花药披针形，先端渐尖，雌花单生，几无梗，淡绿色或带红色。果近球形或椭圆形，初熟时为淡黄色，后则变为蓝黑色，常被有白色薄蜡层。种子长圆形，褐色，侧扁，背面较厚。花期5～6月，果期10～11月。与柿主要区别在于，后者叶纸质，新叶疏被柔毛，老叶深绿色，无毛，花较大，果球形或卵形等，嫩时绿色，后变黄色。

利用价值：成熟果实可供食用，亦可制成柿饼，入药可止消渴。

校园分布：金明校区中州路东段与双兰路交叉口西北角林中。

花语：顽强，内敛。

264.

柿 *Diospyros kaki* Thunb.
柿科 Ebenaceae　柿属 *Diospyros* L.

物种特征：落叶大乔木，通常高达 10～14 米以上。树皮灰色或褐色，沟纹较密，裂成长方块状。叶纸质，卵状椭圆形，新叶疏被柔毛，老叶深绿色，无毛。花雌雄异株，但间或有雄株中有少数雌花，雌株中有少数雄花的，花黄白色，聚伞花序腋生；花萼和花冠均为钟状，4 深裂，裂片卵形。果球形或卵形等，嫩时绿色，后变黄色。种子褐色，侧扁。花期 5～6 月，果期 9～10 月。与君迁子主要区别在于，后者叶近膜质，上面深绿色，有光泽，花较小，果近球形或椭圆形，初熟时为淡黄色，后则变为蓝黑色。

利用价值：优良的风景树，可作家具。

校园分布：校园多处散生。如，金明校区中州路（环路）东段偏南林中，图书馆西北角等处。

花语：事事如意。

265.

点地梅 *Androsace umbellata* (Lour.) Merr.
报春花科 Primulaceae　　点地梅属 *Androsace* L.

物种特征： 一年生或二年生草本。主根不明显，具多数须根。叶全基生，叶柄被柔毛，叶近圆形或卵形，基部浅心或近圆，被贴伏柔毛。花葶被柔毛，伞形花序 4～15 花；苞片卵形或披针形；花梗被柔毛和短柄腺体；花萼密被柔毛，分裂近基部，果时增大至星状展开；花冠白色，短于花萼，喉部黄色，裂片倒卵状长圆形。蒴果近球形，果皮白色，近膜质。花期 2～4 月，果期 5～6 月。

利用价值： 全草药用，可治扁桃腺炎、咽喉炎、口腔炎和跌打损伤。

校园分布： 草地偶见成片生长。如，金明校区光伏材料省重点实验室北侧林中。

花语：相思，至死不渝的爱情。

266.

朱砂根 *Ardisia crenata* Sims
报春花科 Primulaceae　紫金牛属 *Ardisia* Sw.

物种特征：灌木。茎粗壮，除侧生花枝外，无分枝。叶片革质或坚纸质，边缘具皱波状或波状齿，有时背面具极小的鳞片。伞形花序或聚伞花序，着生于侧生花枝顶端；花萼仅基部连合，萼片长圆状卵形，全缘，两面无毛；花瓣白色，稀略带粉红色，盛开时反卷，卵形，外面无毛，里面有时近基部具乳头状突起。果球形，鲜红色。花期5～6月，果期10～12月，有时2～4月。

利用价值：为民间常用的中草药之一，根、叶可祛风除湿、散瘀止痛、通经活络等。

校园分布：见于金明校区生命科学学院盆栽。

花语：财运不断。

267.

山茶 *Camellia japonica* L.
山茶科 Theaceae　　山茶属 *Camellia* L.

物种特征：乔木或灌木状。叶革质，上面深绿色，干后发亮，下面浅绿色，具钝齿。单花顶生及腋生，红色；花无梗；苞片及萼片10，半圆形或圆形，被绢毛，以后脱落；花瓣6～7，外层2片近圆形，离生，被毛，余5片倒卵形，无毛；雄蕊3轮，花柱先端3裂。蒴果球形，3爿裂，果爿木质，每室1～2种子。种子无毛。国内栽培品种繁多，多为重瓣。花期12月至翌年3月。

利用价值：栽培供观赏；花有止血功效；种子榨油，供工业用。

校园分布：见于金明校区生命科学学院盆栽。

游蜂掠尽粉丝黄，落蕊犹收蜜露香。待得春风几枝在，年来杀菽有飞霜。

——宋·苏轼《山茶》

268.

杜仲 *Eucommia ulmoides* Oliv.
杜仲科 Eucommiaceae　　杜仲属 *Eucommia* Oliv.

物种特征：落叶乔木，高达 20 米。树皮粗糙灰褐色，植株具丝状胶质。老枝有明显的皮孔，嫩枝有黄褐色毛，不久变秃净。单叶互生，叶椭圆形、卵形或长圆形，薄革质，羽状脉，具锯齿，无托叶。花单性，雌雄异株，无花被，先叶开放，或与新叶同出；雄花簇生，无毛，具小苞片；雌花单生小枝下部，苞片倒卵形，子房无毛。翅果扁平，长椭圆形，先端 2 裂，周围具薄翅。种子扁平。花期 4 月，果期 10 月。

利用价值：常做行道树；可供用材以及工业原料；树皮药用。

校园分布：位于金明校区物理与电子学院北侧行道树及路北林中。

> 其皮折之，白丝相连，江南谓之棉；初生嫩叶可食，谓之檰芽。
> ————明·李时珍《本草纲目》

269.

香果树 *Emmenopterys henryi* Oliv.
茜草科 Rubiaceae　香果树属 *Emmenopterys* Oliv.

物种特征：落叶大乔木，高达30米。树皮灰褐色，鳞片状。单叶对生，叶纸质或革质，上面无毛或疏被糙伏毛；侧脉5～9对，在下面凸起；叶柄长2～8厘米，无毛或有柔毛；托叶大，三角状卵形。圆锥状聚伞花序顶生；花芳香，萼管长约4毫米，裂片具缘毛，脱落，变态的叶状萼裂片白色、淡红色或淡黄色，有纵平行脉数条，有柄；花冠漏斗形，白色或黄色；花丝被绒毛。蒴果有纵细棱。种子多数，小而有阔翅。花期6～8月，果期8～11月。

利用价值：庭园观赏树种；树皮是制蜡纸及人造棉的原料；树干供制家具和建筑用。

校园分布：位于金明校区中州路（环路）西南角内侧林中1株。

花语：纯真、优雅。

270.

猪殃殃 *Galium spurium* L.
茜草科 Rubiaceae 拉拉藤属 *Galium* L.

物种特征：多枝、蔓生或攀援状草本，通常高 30～90 厘米。茎有 4 棱，棱上、叶缘、叶脉上均有倒生的小刺毛。常 6 叶轮生，叶纸质或近膜质，顶端有针状凸尖头，基部渐狭。聚伞花序腋生或顶生，有纤细的花梗；花萼被钩毛，萼檐近截平；花冠黄绿色或白色，裂片长圆形，长不及 1 毫米；子房被毛，花柱 2 裂至中部。果干燥，有 1 或 2 个近球状的分果爿，直径达 5.5 毫米，密被钩毛，果柄直。花果期 5 月。

利用价值：全草药用，可清热解毒、消肿止痛，治淋浊、尿血、跌打损伤等。

校园分布：校园常见，常成片生长。

> 猪殃殃，胡不祥？猪不食，弃道旁。采之采之充吾肠。
> ——明·王磐《野菜谱》

271.

鸡屎藤 *Paederia foetida* L.
茜草科 Rubiaceae　鸡矢藤属 *Paederia* L.

物种特征：草质藤本，茎长 3～5 米，多分枝。叶对生，叶片每边侧脉 4～6 条；具托叶，无毛。圆锥花序式的聚伞花序腋生和顶生，扩展，分枝对生；小苞片披针形；花具短梗或无；萼管陀螺形，萼檐裂片 5，裂片三角形；花冠浅紫色，筒状，外面被粉末状柔毛，里面被白色绒毛，檐部 5 裂。果球形，成熟时近黄色，有光泽，平滑，顶冠以宿存的萼檐裂片和花盘。种子浅黑色。花期 5～7 月。

利用价值：作园林景观；全草入药，有祛风活血、止痛消肿、抗结核功效。

校园分布：金明校区药学院以南林中草地偶见。

花语：末路之美。

272.

茜草 *Rubia cordifolia* L.
茜草科 Rubiaceae　　茜草属 *Rubia* L.

物种特征：多年生攀援草本。根紫红或橙红色，茎长，粗糙，枝4棱，棱有倒生皮刺，多分枝。叶常4片轮生，披针形或长圆状披针形，先端渐尖或钝尖，基部心形，两面粗糙，基出脉3，稀外侧有1对很小的基出脉；叶柄有倒生皮刺。聚伞花序腋生和顶生，花序梗和分枝有小皮刺；花冠淡黄色，干后淡褐色，裂片近卵形，微伸展，无毛。果球形，径4～5毫米。花期8～9月，果期10～11月。

利用价值：其根和根茎可入药，具有止血功效。

校园分布：位于金明校区中州路（环路）西北角以外行道树下，药学院以南林中草地偶见。

花语：爱的呵护，分享伤痛。

273.

罗布麻 *Apocynum venetum* L.
夹竹桃科 Apocynaceae   罗布麻属 *Apocynum* L.

物种特征：亚灌木，高达4米，除花序外全株无毛。叶常对生，窄椭圆形或窄卵形，长1～8厘米，基部圆或宽楔形，具细齿，叶柄长3～6毫米。圆锥状聚伞花序，花萼5深裂；花冠紫红或粉红色，花冠筒钟状，长6～8毫米，被颗粒状凸起，花盘肉质，5裂，基部与子房合生。蓇葖果细长。种子卵球形或椭圆形，冠毛长。花期4～9月，果期7～12月。

利用价值：根煎剂有强心作用；叶浸膏有镇静、抗惊厥作用。

校园分布：校园多处散生。如，金明校区综合教学楼3号楼南侧，生命科学学院圆形报告厅西侧等。

花语：期盼，忠贞不渝。

274.

长春花 *Catharanthus roseus* (L.) G. Don
夹竹桃科 Apocynaceae　　长春花属 *Catharanthus* G. Don

物种特征：半灌木，高达60厘米。全株无毛或仅有微毛；茎近方形，有条纹，灰绿色。叶基部渐狭而成叶柄；叶脉在叶面扁平。聚伞花序腋生或顶生，花2～3；花冠红色，高脚碟状，花冠筒内面具疏柔毛，花冠裂片宽倒卵形；雄蕊着生于花冠筒的上半部，与柱头离生。蓇葖果双生，直立，平行或略叉开；外果皮厚纸质，有条纹，被柔毛。种子黑色，长圆状圆筒形。花期、果期几乎全年。
利用价值：常栽培供观赏；可药用，有降低血压之效。
校园分布：位于金明校区综合教学楼2号楼与3号楼之间盆栽。

叶里尽藏云外绿，枝头剩带日边红。百花能占春多少。何似春颜长自好。
——宋·王义山《王母祝语·长春花诗》

275.

地梢瓜 *Cynanchum thesioides* (Freyn) K. Schum.
夹竹桃科 Apocynaceae　鹅绒藤属 *Cynanchum* L.

物种特征：草质或亚灌木状藤本。小枝被毛；叶对生或近对生，稀轮生，侧脉不明显，近无柄。聚伞花序伞状或短总状，有时顶生，小聚伞花序具 2 花；花萼裂片披针形，被微柔毛及缘毛；花冠绿白色；副花冠杯状，较花药短，顶端 5 裂，裂片三角状披针形，基部内弯；花粉块长圆形，柱头扁平。花期 5～8 月，果期 8～10 月。以其"草质或亚灌木状小藤本，叶线形或线状披针形，副花冠杯状，较花药短，裂片基部内弯"等特征易于识别。

利用价值：工业原料；幼果可食；种毛可作填充料；全草可入药。

校园分布：草地偶见。如，金明校区药学院南草地偶见成片生长。

276.

鹅绒藤 *Cynanchum chinense* R. Br.
夹竹桃科 Apocynaceae　鹅绒藤属 *Cynanchum* L.

物种特征：缠绕草质藤本，长达4米，全株被短柔毛。叶对生，宽三角状心形，先端骤尖，基部心形。聚伞花序伞状，花梗长约1厘米；花萼裂片长圆状三角形；花冠白色，辐状或反折，裂片长圆状披针形；副花冠杯状，顶端具10丝状体，两轮，外轮与花冠裂片等长，内轮稍短；花药近菱形，顶端附属物圆形，花粉块长圆形；柱头略为突起，顶端2裂。蓇葖果细圆柱状纺锤形。花期6～8月，果期8～10月。与萝藦主要区别在于，后者花冠白色，有淡紫红色斑纹，裂片张开，顶端反折，内面被柔毛，副花冠环状，短5裂，裂片兜状。

利用价值：全株可做祛风剂。

校园分布：校园偶见。如，金明校区药学院以南林中竹园。

277.

萝藦 *Cynanchum rostellatum* (Turcz.) Liede & Khanum
夹竹桃科 Apocynaceae　　鹅绒藤属 *Cynanchum* L.

物种特征：草质藤本，长达8米。幼茎密被短柔毛，老时渐脱落。叶膜质，卵状心形，先端短渐尖，基部心形；叶柄顶端具簇生腺体。聚伞花序具13～20花；花序梗长6～12厘米；小苞片膜质，披针形；花梗长约8毫米；花蕾圆锥状，顶端骤尖；花萼裂片披针形；花冠白色，有时具淡紫色斑纹，花冠筒短，裂片披针形，内面密被柔毛；副花冠环状；蓇葖果常双生，纺锤形，顶端急尖，基部膨大。花期7～8月，果期9～12月。与鹅绒藤主要区别在于，后者花冠白色，无斑纹，副花冠杯状，上端裂成10个丝状体。

利用价值：全株可药用。

校园分布：位于金明校区中州路（环路）西北角以外行道树下。

芄兰，一名萝摩，幽州谓之雀瓢。

——三国吴·陆玑《毛诗草木鸟兽虫鱼疏》

278.

夹竹桃 *Nerium oleander* L.
夹竹桃科 Apocynaceae　　夹竹桃属 *Nerium* L.

物种特征：常绿直立大灌木，高达 6 米。叶 3 片轮生，稀对生，革质，窄椭圆状披针形，先端渐尖或尖，基部楔形或下延。聚伞花序组成伞房状，顶生；花芳香，花萼裂片窄三角形或窄卵形；花冠喉部具 5 片宽鳞片状副花冠，每片其顶端撕裂，并伸出花冠喉部之外；花冠漏斗状，裂片向右覆盖，单瓣或重瓣，花冠筒喉部宽大；雄蕊着生花冠筒顶部，花药箭头状；无花盘；心皮 2，离生。蓇葖果 2，离生，圆柱形。花期几乎全年，果期一般在冬春季。

利用价值：毒性极强；花期长，常作观赏；种子含油量约为 58.5%，可榨油供制润滑油。

校园分布：位于金明校区综合教学楼 6 号楼东侧，以及北侧文甫路以北林中等。

芳姿劲节本来同，绿荫红妆一样浓。我若化龙君作浪，信知何处不相逢。
———宋·汤清伯《夹竹桃》

279.

杠柳 *Periploca sepium* Bunge
夹竹桃科 Apocynaceae　杠柳属 *Periploca* L.

物种特征：落叶蔓性灌木，长达 4 米。叶膜质，披针状长圆形，侧脉 20～25 对。聚伞花序腋生，常成对；花萼裂片三角状卵形，内面基部有 10 个小腺体；花冠紫色，辐状；花冠筒长约 3 毫米，裂片椭圆形，长约 8 毫米，中间加厚呈纺锤状，反折，外面无毛，内面被长柔毛；副花冠环状，10 裂，其中 5 裂延伸丝状被短柔毛，顶端向内弯。蓇葖果双生，圆柱形，顶端常相连。花期 5～6 月，果期 7～9 月。

利用价值：其干燥根皮，有利水消肿、祛风湿、强筋骨的功效。

校园分布：金明校区数学与统计学院南桥头处有大片生长，其他地方偶见。

280. 多苞斑种草 *Bothriospermum secundum* Maxim.

紫草科 Boraginaceae　斑种草属 *Bothriospermum* Bunge

物种特征：一年生或二年生草本。茎单一或数条丛生，由基部分枝，被向上开展的硬毛及伏毛。基生叶具柄，倒卵状长圆形；茎生叶长圆形或卵状披针形，无柄，两面均被硬毛。花序生茎顶及腋生枝条顶端；花萼外面密生硬毛，果时宿存；花冠蓝色至淡蓝色，裂片圆形，喉部附属物梯形；花药长圆形，花丝极短；花柱圆柱形，柱头头状。小坚果卵状椭圆形，长约2毫米，密生疣状突起，腹面有纵椭圆形的环状凹陷。花期5～7月。

利用价值：花朵小巧美丽，极具观赏价值。

校园分布：草地常见成片生长。

281.

田紫草 *Lithospermum arvense* L.
紫草科 Boraginaceae　紫草属 *Lithospermum* L.

物种特征： 一年生草本。茎常分枝，被短糙伏毛。叶倒披针形或线形，两面被短糙伏毛，无柄。花具短梗；花萼裂片线形，常直伸，两面被毛，果时宿存；花冠高脚碟状，白色，稀蓝或淡蓝色，冠筒长约4毫米，稍被毛，冠檐长约为冠筒一半，裂片卵形或长圆形，直伸或稍开展。小坚果三角状卵球形，长约3毫米，灰褐色，具疣状突起。花果期4～8月。

利用价值： 营养丰富，无毒、无怪味，除马不食外，各种畜、禽均可利用。

校园分布： 草地偶见杂草。如，金明校区生命科学学院东侧实验田。

花语：永远的回忆。

282.

附地菜 *Trigonotis peduncularis* (Trev.) Benth. ex Baker et Moore
紫草科 Boraginaceae　　附地菜属 *Trigonotis* Steven

物种特征： 一年生或二年生草本。茎通常多条丛生，稀单一，密集，铺散，基部多分枝，被短糙伏毛。基生叶呈莲座状，有叶柄，叶片匙形。花序生茎顶，幼时卷曲，后渐次伸长；花梗短，花后伸长；花萼裂片卵形，先端急尖；花冠淡蓝色或粉色，筒部甚短；花药卵形，先端具短尖。小坚果4，斜三棱锥状四面体形。早春开花，花期甚长。

利用价值： 全草可入药，幼苗可食用。

校园分布： 校园常见。

花语：君若低头，满地繁星。

283.

打碗花 *Calystegia hederacea* Wall. ex Roxb.
旋花科 Convolvulaceae   打碗花属 *Calystegia* R. Br.

物种特征：一年生草本。植株通常矮小，全体不被毛；茎细，平卧，有细棱。基部叶片长圆形，上部叶片3裂，中裂片长圆形或长圆状披针形，侧裂片近三角形；叶柄长1～5厘米。花单生叶腋，花梗长于叶柄，有细棱；苞片2，包被花萼，宿存；萼片长圆形，内萼片稍短；花冠淡紫色或淡红色，钟状，冠檐近截形或微裂；雄蕊近等长，花丝基部扩大，贴生花冠管基部，被小鳞毛；子房无毛，柱头2裂。蒴果卵球形。种子黑褐色，表面有小疣。与旋花主要区别在于，后者茎缠绕伸长，苞片明显长于花萼，顶端锐尖。

利用价值：根可药用，具有调经活血、滋阴补虚的功效。

校园分布：多见于地被植物之间，金明校区生命科学学院实验田田埂上偶见。

花语：恩赐。

284.

旋花 *Calystegia silvatica* (Kit.) Griseb. subsp. *orientalis* Brummitt
旋花科 Convolvulaceae　　打碗花属 *Calystegia* R. Br.

物种特征： 多年生草本。全体不被毛；茎缠绕，伸长，有细棱。叶形多变，三角状卵形或宽卵形。花单生叶腋；花梗通常稍长于叶柄，有细棱或有时具狭翅；苞片宽卵形，顶端锐尖；萼片卵形；花冠通常白色或有时淡红或紫色，漏斗状，冠檐微裂；雄蕊花丝基部扩大，被小鳞毛；子房无毛，柱头2裂，裂片卵形，扁平。蒴果卵形，为增大宿存的苞片和萼片所包被。种子黑褐色，表面有小疣。与欧旋花主要区别在于，后者除萼片和花冠外，植物体各部分均被柔毛。

利用价值： 根状茎可食；根药用，治白浊、疝气、疔疮等。

校园分布： 校园偶见。如，金明校区生命科学学院东侧实验田，图书馆东南角绿篱上。

云暗重重树，风开旋旋花。病身无俗事，待得後归鸦。
——宋·陈师道《晚游九曲院》

285.

欧旋花 *Calystegia sepium* (L.) R. Br. subsp. *spectabilis* Brummitt
旋花科 Convolvulaceae　打碗花属 *Calystegia* R. Br.

物种特征： 一年生草本。叶通常为卵状长圆形，长4～6厘米，基部戟形，基裂片不明显伸展，圆钝或2裂，有时叶形相似于旋花及其变种；叶柄较短，长1～4（～5）厘米。花梗明显长于叶柄，有细棱或有时具狭翅；苞片顶端稍钝；花冠淡红色。这一亚种与旋花的主要区别在于除萼片和花冠外，其植物体各部分均被柔毛。与打碗花主要区别在于，后者植株通常矮小，全体不被毛。

利用价值： 花可药用，具有益气、养颜、涩精之功效。

校园分布： 位于金明校区化学化学化工学院东南角草地上。

286.

田旋花 *Convolvulus arvensis* L.
旋花科 Convolvulaceae　旋花属 *Convolvulus* L.

物种特征：多年生草本。具木质根状茎，茎平卧或缠绕。叶卵形、卵状长圆形或披针形，全缘或3裂；叶柄长1～2厘米。聚伞花序腋生，具1～3花，花序梗长3～8厘米；苞片2，线形，着生于花柄近中部；萼片长3.5～5毫米，外2片长圆状椭圆形，内萼片近圆形；花冠白或淡红色，宽漏斗形，长1.5～2.6厘米，冠檐5浅裂；雄蕊稍不等长，长约花冠之半，花丝被小鳞毛；柱头线形。蒴果无毛。花期5～8月，果期7～9月。

利用价值：全草入药，可调经活血、滋阴补虚。

校园分布：位于金明校区药学院以南林中草地偶见。

花语：恩赐永恒，丽质天生。

287.

菟丝子 *Cuscuta chinensis* Lam.
旋花科 Convolvulaceae　　菟丝子属 *Cuscuta* L.

物种特征：一年生寄生草本。茎缠绕，黄色，纤细。花序侧生，少花至多花密集成小伞形或小团伞花序，花序无梗；苞片及小苞片鳞片状；花梗短；花萼杯状，中部以上分裂，裂片三角状；花冠白色，壶形，裂片三角状卵形，先端反折；雄蕊生于花冠喉部；冠筒内面鳞片长圆形，伸至雄蕊基部，边缘流苏状；花柱2，柱头球形。蒴果球形，为宿存花冠全包，周裂。种子2～4，卵圆形，淡褐色，粗糙。花期7～8月，果期8～9月。

利用价值：种子药用，有补肝肾、益精壮阳，止泻的功能。

校园分布：位于金明校区作物逆境适应与改良国家重点实验室东围墙外。

菟丝从长风，根茎无断绝。无情尚不离，有情安可别？
——汉·无名氏《古绝句·菟丝从长风》

288.

马蹄金 *Dichondra micrantha* Urb.
旋花科 Convolvulaceae　马蹄金属 *Dichondra* J. R. Forst. & G. Forst.

物种特征： 多年生匍匐小草本。茎细长，被灰色短柔毛，节上生根。叶肾形至圆形，叶面微被毛，背面被贴生短柔毛，全缘，具长叶柄。花单生叶腋，花柄短于叶柄，丝状；萼片倒卵状长圆形至匙形，背面及边缘被毛；花冠钟状，黄色，深5裂，裂片无毛；雄蕊5，着生于花冠2裂片间弯缺处，花丝短，等长；子房被疏柔毛，2室，具4枚胚珠，花柱2，柱头头状。蒴果近球形，膜质。种子1~2，黄色至褐色，无毛。花期4月，果期7~8月。

利用价值： 全草供药用，有清热利尿、祛风止痛、止血生肌、消炎解毒、杀虫之功效。

校园分布： 位于金明校区图书馆南侧湖北岸和西岸林下草地。

289.

牵牛 *Ipomoea nil* (L.) Roth
旋花科 Convolvulaceae 虎掌藤属 *Ipomoea* L.

物种特征：一年生草本。茎缠绕，叶宽卵形或近圆形，3～5裂或不裂；叶柄长2～15厘米。花序腋生，花单一或通常2朵着生于花序梗顶，花序梗长1.5～18.5厘米；苞片线形或丝状，小苞片线形；花梗长2～7毫米；萼片披针状线形，内2片较窄，密被开展刚毛；花冠蓝紫或紫红色，筒部色淡，长5～8（～10）厘米，无毛；雄蕊及花柱内藏；子房3室。蒴果近球形。种子卵状三棱形，黑褐色或米黄色，被微柔毛。花期6～9月，果期7～10月。

利用价值：除栽培供观赏外，种子为常用中药，有泻水利尿、逐痰、杀虫的功效。

校园分布：位于金明校区作物逆境适应与改良国家重点实验室东围墙外，小麦逆境改良中心东围栏上。

银汉初移漏欲残，步虚人倚玉栏干。仙衣染得天边碧，乞与人间向晓看。
———宋·秦观《牵牛花》

290. 曼陀罗 *Datura stramonium* L.

茄科 Solanaceae　曼陀罗属 *Datura* L.

物种特征：草本或半灌木状。茎圆柱状，下部木质化。叶广卵形，边缘有不规则波状浅裂。花单生于枝杈间或叶腋；花萼筒状，筒部有5棱角，5浅裂，花后自近基部断裂，宿存部分随果实而增大并向外反折；花冠漏斗状，下半部带绿色，上部白色或淡紫色，檐部5浅裂，裂片有短尖头；雄蕊不伸出花冠；子房密生柔针毛。蒴果直立生，卵状，表面生有坚硬针刺或有时无刺，成熟后淡黄色，规则4瓣裂。种子卵圆形，黑色。花期6～10月，果期7～11月。

利用价值：全株有毒，含莨菪碱，有镇痉、镇静、镇痛、麻醉的功能。

校园分布：位于金明校区护理与健康学院西侧路西草地。

我圃殊不俗，翠蕤敷玉房。秋风不敢吹，谓是天上香。

——宋·陈与义《曼陀罗花》

291.

毛曼陀罗 *Datura innoxia* Mill.
茄科 Solanaceae 曼陀罗属 *Datura* L.

物种特征：一年生直立草本或半灌木状，全体密被细腺毛和短柔毛。叶片广卵形，全缘而微波状或有不规则的疏齿。花单生；花萼圆筒状而不具棱角，5 裂，裂片狭三角形，花后宿存部分随果实增大而渐大呈五角形，果时向外反折；花冠长漏斗状，下半部带淡绿色，上部白色，花开放后呈喇叭状，边缘有 10 尖头；子房密生白色柔针毛。蒴果俯垂，近球状或卵球状，密生细针刺，成熟后淡褐色。种子扁肾形，褐色。花果期 6～9 月。

利用价值：全株有毒，具药用价值，同曼陀罗。

校园分布：位于金明校区作物逆境适应与改良国家重点实验室东围墙外。

一声霹雳霁光收，急泊荒茅野渡头。摩舍那滩冲石过，曼陀罗影漾江流。
——宋·杨万里《三月一日过摩舍郡滩，阻雨泊清溪镇二首》

292.

枸杞 *Lycium chinense* Mill.
茄科 Solanaceae　枸杞属 *Lycium* L.

物种特征： 多分枝灌木。高达 1～2 米，枝条细弱，弯曲或俯垂，淡灰色，具纵纹。叶卵形、长椭圆形或卵状披针形，先端尖，基部楔形。花在长枝上单生或双生于叶腋，在短枝上则同叶簇生；花梗向顶端渐增粗；花萼通常 3 中裂或 4～5 齿裂，裂片多少有缘毛；花冠漏斗状，淡紫色，筒部向上骤然扩大，5 深裂，裂片平展或稍向外反曲；雄蕊较花冠稍短，或因花冠裂片外展而伸出花冠；花柱稍伸出雄蕊，上端弓弯，柱头绿色。浆果卵圆形，红色。种子扁肾形，黄色。花期 5～9 月，果期 8～11 月。

利用价值： 果实、根皮均可入药；嫩叶可作蔬菜；种子油可制润滑油或食用油。

校园分布： 校园偶见。如，金明校区药学院以南林中。

僧房药树依寒井，井有香泉树有灵。翠黛叶生笼石，殷红子熟照铜瓶。
——唐·刘禹锡《枸杞井》

293.

小酸浆 *Physalis minima* L.
茄科 Solanaceae　灯笼果属 *Physalis* L.

物种特征：一年生草本，根细瘦。主轴短缩，顶端多二歧分枝，分枝披散而卧于地上或斜升，生短柔毛。叶片卵形或卵状披针形，全缘而波状或有少数粗齿，两面脉上有柔毛。花具细弱的花梗，花梗长约5毫米，生短柔毛；花萼钟状，外面生短柔毛，裂片三角形，顶端短渐尖，缘毛密；花冠黄色；花药黄白色。果梗细弱，俯垂；果萼近球状或卵球状；果实球状，直径约6毫米。花期7～8月，果期9月。

利用价值：全株药用，有清热、化痰、消炎、解毒之效。

校园分布：校园偶见。如，金明校区护理与健康学院以西草地上。

花语：自然美。

294.

白英 *Solanum lyratum* Thunb.
茄科 Solanaceae　茄属 *Solanum* L.

物种特征：草质藤本。茎及小枝均密被具节长柔毛。叶互生，多数为琴形，基部常3～5深裂，裂片全缘，两面均被白色发亮的长柔毛。聚伞花序顶生或腋外生，疏花，总花梗被具节的长柔毛；花萼杯状，无毛，萼齿5枚；花冠蓝紫色或白色，花冠筒隐于萼内，花冠裂片反折；花药顶孔略向上；子房卵形，花柱丝状，柱头小，头状。浆果球状，成熟时红黑色。种子近盘状，扁平。花期夏秋，果熟期秋末。与龙葵主要区别在于，后者为一年生直立草本，茎近无毛或被微柔毛，叶全缘或具不规则的波状粗齿，浆果球形，熟时黑色。

利用价值：全草入药，可治小儿惊风，果实能治风火牙痛。

校园分布：金明校区药学院以南草地上偶见。

295.

龙葵 *Solanum nigrum* L.
茄科 Solanaceae　　茄属 *Solanum* L.

物种特征： 一年生直立草本。叶卵形，全缘或每边具不规则的波状粗齿。蝎尾状花序腋外生，由3～6（～10）花组成；花萼小，浅杯状，齿卵圆形，基部两齿间连接处成角度；花冠白色，筒部隐于萼内，冠檐5深裂，裂片卵圆形；花丝短，花药黄色，约为花丝长度的4倍；子房卵形，花柱中部以下被白色绒毛，柱头小，头状。浆果球形，熟时黑色。种子多数，近卵形，两侧压扁。花果期9～10月。与白英主要区别在于，后者为草质藤本，茎及小枝均密被长柔毛，叶多数为琴形，浆果球形，熟时红黑色。

利用价值： 全株入药，可散瘀消肿、清热解毒。

校园分布： 校园少见。如，金明校区护理与健康学院西侧草地。

花语：沉不住气。

296.

流苏树 *Chionanthus retusus* Lindl. & Paxton
木樨科 Oleaceae　流苏树属 *Chionanthus* L.

物种特征： 落叶灌木或乔木。小枝灰褐色或黑灰色。叶片革质或薄革质，长圆形，全缘或有小锯齿，叶缘稍反卷，叶柄密被黄色卷曲柔毛。聚伞状圆锥花序顶生；苞片线形，疏被或密被柔毛；花单性而雌雄异株，或为两性花；花萼长1～3毫米，4深裂；花冠白色，4深裂，裂片线状倒披针形；雄蕊藏于管内或稍伸出；子房卵形，柱头球形，稍2裂。果椭圆形，被白粉，呈蓝黑色或黑色。花期3～6月，果期6～11月。

利用价值： 花、嫩叶晒干可代茶，味香；果可榨芳香油；木材可制器具。

校园分布： 金明校区生命科学学院东侧实验田栽培。

花语：女权主义。

297. 雪柳 *Fontanesia phillyreoides* Labill. subsp. *fortunei* (Carrière) Yalt.

木樨科 Oleaceae　雪柳属 *Fontanesia* Labill.

物种特征：落叶灌木或小乔木。叶片纸质，披针形、卵状披针形或狭卵形，全缘，两面无毛。圆锥花序顶生或腋生，腋生花序较短；花两性或杂性同株，苞片锥形或披针形；花萼微小，杯状，深裂，裂片卵形，膜质；花冠深裂至近基部，裂片卵状披针形；花药长圆形；花柱柱头2叉。果黄棕色，倒卵形至倒卵状椭圆形，扁平，先端微凹，花柱宿存，边缘具窄翅。种子具三棱。花期4～6月，果期6～10月。

利用价值：嫩叶可代茶；枝条可编筐；茎皮可制入造棉；亦栽培作绿篱。

校园分布：位于金明校区文甫路东段路北林中。

蛾儿雪柳黄金缕，笑语盈盈暗香去。

——宋·辛弃疾《青玉案·元夕》

298.

金钟花 *Forsythia viridissima* Lindl.
木樨科 Oleaceae　连翘属 *Forsythia* Vahl

物种特征：落叶灌木。枝棕褐色或红棕色，直立，小枝绿色或黄绿色，呈四棱形，皮孔明显，具片状髓。叶片长椭圆形至披针形，或倒卵状长椭圆形，上部边缘具不规则锐锯齿或粗锯齿。花1～3（4）朵着生于叶腋，先于叶开放；花萼长至花冠筒近1/2处；花冠深黄色，内面基部具橘黄色条纹，裂片边缘反卷。果具皮孔。花期3～4月，果期8～11月。与连翘主要区别在于，后者小枝节间中空，节部具实心髓，营养枝上单叶具齿，或2～3裂，或3小叶复叶，花萼与花冠筒近等长，花冠浅黄色。

利用价值：先花后叶，满枝金黄，观赏价值高。

校园分布：校园常见。如，金明校区综合教学楼东侧及南侧湖周，图书馆北侧等处。

江南酒，何处味偏浓。醉卧春风深巷里，晓寻香斾小桥东。竹叶满金钟。

——宋·王琪《望江南·江南酒》

299.

连翘 *Forsythia suspensa* (Thunb.) Vahl
木樨科 Oleaceae   连翘属 *Forsythia* Vahl

物种特征：落叶灌木。小枝略呈四棱形，疏生皮孔，节间中空，节部具实心髓。叶通常为单叶，或2～3裂至三出复叶，叶片卵形，叶缘除基部外具锐锯齿或粗锯齿，两面无毛。花通常单生或2至数朵着生于叶腋，先于叶开放；花萼与花冠筒近等长；花冠浅黄色，裂片倒卵状长圆形或长圆形，长1.2～2厘米，宽6～10毫米。果卵球形，先端喙状渐尖，表面疏生皮孔。花期3～4月，果期7～9月。与金钟花主要区别在于，后者小枝具片状髓，单叶，花萼长至花冠筒近1/2处，花冠深黄色。

利用价值：果实入药，具清热解毒、消结排脓之效。

校园分布：金明校区先闻湖和访秋湖湖边，散生于金钟花丛中；药学院南侧林中有大丛。

千步连翘不染尘，降香懒画蛾眉春。虔心只把灵仙祝，医回游荡远志人。

——《诗经》

300.

白蜡树 *Fraxinus chinensis* Roxb.
木樨科 Oleaceae　梣属 *Fraxinus* L.

物种特征：落叶乔木。树皮灰褐色，纵裂。羽状复叶，小叶5～7枚，硬纸质，卵形，叶缘具整齐锯齿。圆锥花序顶生或腋生枝梢；花序梗无毛或被细柔毛；花雌雄异株；雄花密集，花萼小，钟状，长约1毫米，无花冠，花药与花丝近等长；雌花疏离，花萼大，桶状，4浅裂，花柱细长，柱头2裂。翅果匙形，翅平展；坚果圆柱形，宿存萼紧贴于坚果基部，常在一侧开口深裂。花期4～5月，果期7～9月。与美国红梣主要区别在于，后者圆锥花序生于去年生枝上，雄花与两性花异株，翅果狭倒披针形，翅下延近坚果中部。

利用价值：材理通直，柔软坚韧，供编制各种用具；树皮也作药用。

校园分布：位于金明校区综合教学楼6号楼东侧。

花语："永远不变的爱"以及"生命"。

301.

美国红梣 *Fraxinus pennsylvanica* Marsh.
木樨科 Oleaceae　　梣属 *Fraxinus* L.

物种特征：落叶乔木。树皮灰色，粗糙，皱裂。羽状复叶，薄革质，长圆状披针形，叶缘具不明显钝锯齿或近全缘。圆锥花序，雄全异株，与叶同时开放；花序梗短；花梗纤细，被短柔毛；雄花花萼小，萼齿不规则深裂，花药大，长圆形，花丝短；两性花花萼较宽，萼齿浅裂，花柱细，柱头2裂。翅果狭倒披针形，先端钝圆或具短尖头，翅下延近坚果中部，坚果圆柱形。花期4月，果期8～10月。与白蜡树主要区别在于，后者圆锥花序顶生或腋生枝梢，雌雄异株。

利用价值：树姿优美，多见于庭园绿化或作行道树。

校园分布：校园常见行道树。如，金明校区图书馆前广场南北两侧，行政楼北侧等处。

302.

湖北梣 *Fraxinus hupehensis* S. Z. Qu, C. B. Shang et P. L. Su

木樨科 Oleaceae　梣属 *Fraxinus* L.

物种特征： 落叶大乔木。树皮深灰色，老时纵裂，营养枝常呈棘刺状。小枝挺直，被细绒毛或无毛。羽状复叶，叶轴具狭翅，小叶着生处有关节；小叶7～9（～11）枚，革质，叶缘具锐锯齿，上无毛，下沿中脉基部被短绒毛。花杂性，密集簇生于去年生枝上，呈甚短的聚伞圆锥花序；两性花花萼钟状，雌蕊具长花柱，柱头2裂。翅果匙形，中上部最宽，先端急尖。花期2～3月，果期9月。以其"营养枝常呈棘刺状，花杂性，密集簇生于去年生枝上，呈甚短的聚伞圆锥花序"等特征易于识别。

利用价值： 树干挺直，材质优良，是很好的材用树种。

校园分布： 位于金明校区物理与电子学院北侧林中。

303.

迎春花 *Jasminum nudiflorum* Lindl.
木樨科 Oleaceae　素馨属 *Jasminum* L.

物种特征：落叶灌木。枝稍扭曲，光滑无毛，小枝四棱形，棱上多少具狭翼。叶对生，三出复叶，顶生小叶片较大，小枝基部常具单叶；叶轴具狭翼；叶片和小叶片幼时两面稍被毛，老时仅叶缘具睫毛。花单生于去年生小枝的叶腋，稀生于小枝顶端；苞片小叶状，披针形、卵形或椭圆形；花萼绿色，裂片5～6枚，窄披针形；花冠黄色，花冠管长0.8～2厘米，裂片5～6枚，长圆形或椭圆形。花期6月。

利用价值：优良的早春观花品种；叶和花可入药。

校园分布：位于金明校区马可广场，北苑餐厅西南角，镜如湖北岸。

金英翠萼带春寒，黄色花中有几般？凭君语向游人道，莫作蔓青花眼看。

——唐·白居易《玩迎春花赠杨郎中》

304.

女贞 *Ligustrum lucidum* Ait.
木樨科 Oleaceae　女贞属 *Ligustrum* L.

物种特征：灌木或乔木。枝黄褐色、灰色或紫红色，圆柱形，疏生圆形或长圆形皮孔。叶片常绿，革质，卵形、长卵形或椭圆形至宽椭圆形。圆锥花序顶生，花序轴及分枝轴无毛，紫色或黄棕色，果时具棱；花序基部苞片常与叶同形，小苞片披针形或线形，花萼无毛；花冠裂片反折；花药长圆形，柱头棒状。核果浆果状，肾形或近肾形，深蓝黑色，成熟时呈红黑色，被白粉。花期5～7月，果期7月至翌年5月。

利用价值：花可提取芳香油；果含淀粉，可供酿酒或制酱油；叶药用，具有解热镇痛的功效。

校园分布：校园常见。如，金明校区中州路（环路）东段行道树，7号教学楼北侧园中等处。

> 女贞乃木之佳讳兮，鸿亦非偶而不翔。睹微物之清淑兮，生与俪而休有光。
> ———明·葛高行文《望洽阳》

305.

金森女贞 *Ligustrum japonicum* 'Howardii'
木樨科 Oleaceae 女贞属 *Ligustrum* L.

物种特征：常绿灌木或小乔木，整株无毛。小枝灰褐色或淡灰色，节处稍压扁。叶片厚革质，春季新叶鲜黄色，冬季转成金黄色。圆锥花序塔形，宽几与长相等或略短；花序轴和分枝轴具棱；花梗极短；小苞片披针形；花白色，花冠裂片与花冠管近等长或稍短，盔状；雄蕊伸出花冠管外，花丝几与花冠裂片等长；花柱稍伸出于花冠管外，柱头棒状，先端浅 2 裂。核果直立，呈紫黑色，外被白粉。花期 6 月，果期 11 月。为日本女贞的金叶品种。与金叶女贞主要区别在于，后者叶薄革质，花丝较直立，花药较长。

利用价值：优良绿篱材料。

校园分布：位于金明校区校东门与中州路交汇处转盘中，九章路中央绿化带等处。

花语：幸福，向往。

306.

金叶女贞 *Ligustrum* × *vicaryi* **Rehder**

木樨科 Oleaceae　女贞属 *Ligustrum* L.

物种特征：落叶灌木，株高2～3米。叶薄革质，单叶对生，椭圆形或卵状椭圆形，先端尖，基部楔形，全缘；新叶金黄色，老叶黄绿色至绿色。聚伞状圆锥花序，小花两性，白色，雄蕊2，花丝细长，明显伸出冠筒之外。核果椭圆形，内含一粒种子，黑紫色。花期5～6月，果期10月。此种为金边卵叶女贞 *L. ovalifolium* 'Aureum' 和欧洲女贞 *L. vulgare* 的杂交种。与金森女贞主要区别在于，后者叶厚革质，花丝细长，明显伸出冠筒之外，花药较短。

利用价值：重要的绿篱和模纹图案材料，用于小庭院装饰。

校园分布：校园常见。如，金明校区教育学部东侧花坛。

千千石楠树，万万女贞林。山山白鹭满，涧涧白猿吟。
——唐·李白《秋浦歌十七首·其十》

307.

小叶女贞 *Ligustrum quihoui* Carrière
木樨科 Oleaceae　女贞属 *Ligustrum* L.

物种特征：落叶灌木，高2～3米，小枝条有微短柔毛。叶薄革质，椭圆形至椭圆状矩圆形，无毛，顶端钝，基部楔形至狭楔形，边缘略向外反卷；叶柄有短柔毛。圆锥花序有微短柔毛，分枝处常有1对叶状苞片，小苞片卵形，具睫毛，花无柄；花萼无毛，萼齿宽卵形或钝三角形；花冠白色，裂片卵形或椭圆形；雄蕊伸出裂片外，花丝与花冠裂片近等长或稍长。核果宽椭圆形，黑色。花期5～7月，果期8～11月。与小蜡主要区别在于，后者小枝条老时无毛，花有柄。

利用价值：叶入药，具清热解毒等功效，治烫伤、外伤；树皮入药也可治烫伤。

校园分布：位于金明校区特种功能材料重点实验室南墙根处。

花语：向往幸福。

308.

小蜡 *Ligustrum sinense* Lour.
木樨科 Oleaceae　　女贞属 *Ligustrum* L.

物种特征： 落叶灌木或小乔木，一般高2米左右，可达6～7米。小枝圆柱形，幼时被淡黄色短柔毛或柔毛，老时近无毛。叶薄革质，椭圆形至椭圆状矩圆形，顶端锐尖或钝，基部圆形或宽楔形。圆锥花序顶生或腋生，塔形，花序轴被较密淡黄色短柔毛或柔毛以至近无毛；花白色，花梗明显；花冠筒比花冠裂片短；花药长圆形，长约1毫米。核果近球状。花期3～6月，果期9～12月。与小叶女贞主要区别在于，后者小枝条有微短柔毛，花无柄。

利用价值： 果实可酿酒；种子可制肥皂；茎皮纤维可制人造棉。

校园分布： 校园常见，作绿篱或修剪成一定造型。

叁·被子植物

309.

木樨 *Osmanthus fragrans* (Thunb.) Lour.
木樨科 Oleaceae　　木樨属 *Osmanthus* Lour.

物种特征： 常绿乔木或灌木。叶片革质，椭圆形、长椭圆形或椭圆状披针形。聚伞花序簇生于叶腋，或近于帚状；苞片宽卵形，质厚，具小尖头；花梗细弱，无毛；花萼裂片稍不整齐；花冠黄白色、淡黄色、黄色或橘红色；雄蕊着生于花冠管中部，花丝极短。核果浆果状，果歪斜，椭圆形，呈紫黑色。花期9～10月上旬，果期翌年3月。

利用价值： 具有观赏价值；其花为名贵香料，并作食品香料。

校园分布： 校园常见。如，金明校区生命科学学院实验田，药学院以南林中等处。

不是人间种，移从月中来。广寒香一点，吹得满山开。
——宋·杨万里《芗林五十咏·丛桂》

310.

毛紫丁香 *Syringa oblata* Lindl. var. *giraldii* (Lemoine) Rehder

木樨科 Oleaceae 丁香属 *Syringa* L.

物种特征：灌木或小乔木。小枝、花序和花梗除具腺毛外，被微柔毛或短柔毛，或无毛。叶对生，革质或厚纸质，萌枝上叶片常呈长卵形，叶片基部通常为宽楔形、近圆形至截形，或近心形，两面被毛。圆锥花序直立，近球形或长圆形；花冠紫色，花冠管圆柱形，裂片呈直角开展；花药黄色，低于花冠管喉部。果倒卵状椭圆形、卵形至长椭圆形，光滑。花期 5 月，果期 7～9 月。

利用价值：对 SO_2 污染具有一定净化作用；花可提制芳香油；嫩叶可代茶。

校园分布：位于金明校区计算机与信息工程学院楼后路北河边，中州路（环路）东段偏南路西林中等处。

紫花何太媚，静女若为看。影动帘栊晓，香沉烟雨寒。

——明·谢榛《丁香》

叁·被子植物

311.

车前 *Plantago asiatica* Ledeb.
车前科 Plantaginaceae   车前属 *Plantago* L.

物种特征： 二年生或多年生草本，根茎短，稍粗，须根多数。叶基生呈莲座状；叶片薄纸质或纸质，宽卵形，两面疏生短柔毛；叶柄基部扩大成鞘。穗状花序细圆柱状，3～10个，直立或弓曲上升；花序梗有纵条纹；苞片龙骨突宽厚；花萼龙骨突不延至顶端；花冠白色，裂片花后反折；雄蕊着生于冠筒内面近基部，与花柱明显外伸，花药顶端具突起。蒴果纺锤状卵形，于基部上方周裂。种子卵状椭圆形，具角，黑褐色。花期4～8月，果期6～9月。

利用价值： 幼苗可食，沸水轻煮后，凉拌、蘸酱、炒食、做馅、做汤或和面蒸食。

校园分布： 阴湿地少见。如，金明校区基础实验中心北侧草地，湖边。

花语：留下足迹。

312.

婆婆纳 *Veronica polita* Fries
车前科 Plantaginaceae 　　婆婆纳属 *Veronica* L.

物种特征： 铺散多分枝草本。叶仅2～4对（腋间有花的为苞片），具短柄，叶片心形至卵形，每边有深钝齿，两面被白色长柔毛。总状花序很长；苞片叶状，下部的对生或全部互生；花梗比苞片略短；花萼裂片卵形，顶端急尖，果期稍增大，疏被短硬毛；花冠淡紫色、蓝色、粉色或白色，裂片圆形至卵形；雄蕊比花冠短。蒴果近于肾形，密被腺毛，凹口约为90度角。种子背面具横纹。花期3～10月。与直立婆婆纳主要区别在于，后者茎直立或上升，常不分枝，茎上2列毛，花蓝紫色或蓝色，果倒心形，强烈侧扁。

利用价值： 可作边缘绿化植物，可容器栽培，并可做切花生产。

校园分布： 校园常见，常成片生长。

花语：除厄。

313.

阿拉伯婆婆纳 *Veronica persica* Poir.
车前科 Plantaginaceae　　婆婆纳属 *Veronica* L.

物种特征：铺散多分枝草本。叶2～4对，卵形或圆形，长0.6～2厘米，边缘具钝齿，两面生有少量柔毛。总状花序很长，苞片互生，与叶同形，几乎等大；花冠蓝、紫或蓝紫色，裂片卵形或圆形，不等大；雄蕊短于花冠。蒴果肾形，被腺毛，成熟后几乎无毛，网脉明显，凹口角度超过90度，裂片钝，宿存的花柱超出凹口。种子背面具深横纹。花期3～5月。与婆婆纳主要区别在于，后者花冠淡紫色、蓝色、粉色或白色，果肾形，凹口角度约为90度。

利用价值：可药用，能祛风除湿。

校园分布：校园常见，成片生长。

花语：健康。

314.

直立婆婆纳 *Veronica arvensis* L.
车前科 Plantaginaceae　婆婆纳属 *Veronica* L.

物种特征：小草本。茎直立或上升，不分枝或铺散分枝，有两列长柔毛。叶常 3～5 对，下部的有短柄，中上部的无柄，边缘具圆或钝齿，两面被硬毛。总状花序长而多花，各部分被腺毛；花萼裂片前方 2 枚长于后方 2 枚；花冠蓝紫色或蓝色；雄蕊短于花冠。蒴果倒心形，强烈侧扁，边缘有腺毛，凹口很深，裂片圆钝，宿存的花柱不伸出凹口。种子矩圆形。花期 4～5 月，果期 5 月。与阿拉伯婆婆纳主要区别在于，后者花冠为蓝色、紫色或蓝紫色，果肾形，凹口角度超过 90 度，稍侧扁。

利用价值：药用可清热、除疟。

校园分布：校园偶见成片生长。如，金明校区综合教学楼 2 号楼以南伯襄路南草地。

花语：健全。

315.

芝麻 *Sesamum indicum* L.
芝麻科 Pedaliaceae　　芝麻属 *Sesamum* L.

物种特征：一年生直立草本，高 60～150 厘米。分枝或不分枝，中空或具有白色髓部；叶矩圆形或卵形，下部叶常掌状 3 裂，中部叶有齿缺，上部叶近全缘。花单生或 2～3 朵腋生；花萼裂片披针形，被柔毛；花冠筒状，白色而常有紫红色或黄色的彩晕；雄蕊 4，内藏；子房上位，4 室，被柔毛。蒴果矩圆形，有纵棱，直立，被毛，分裂至中部或至基部。种子有黑白之分。花期夏末秋初。

利用价值：除供食用外，又可榨油；亦供药用。

校园分布：位于金明校区生命科学学院东侧实验田。

苜蓿重沽酒，芝麻旋点茶。愿人长似旧，岁岁插桃花。

——宋·宋伯仁《村市》

316.

厚萼凌霄 *Campsis radicans* (L.) Bureau
紫葳科 Bignoniaceae　凌霄属 *Campsis* Lour.

物种特征：藤本。具气生根，长达 10 米；小叶 9～11 枚，椭圆形至卵状椭圆形，顶端尾状渐尖，基部楔形，边缘锯齿，至少沿中肋被短柔毛；花萼肉质钟状，5 浅裂至萼筒的 1/3 处，裂片外向微卷，无凸起的纵肋；花冠筒细长，漏斗状，橙红色至鲜红色；雄蕊 4，二强。蒴果长圆柱形，长 8～12 厘米，顶端具喙尖，沿缝线具龙骨状突起，粗约 2 毫米，具柄，硬壳质。花期夏秋。

利用价值：庭院观赏植物；花可代凌霄花入药，有活血通经、凉血祛风的功效。

校园分布：可见于金明校区北围墙栅栏上，学校多处长廊等。

披云似有凌霄志，向日宁无捧日心。珍重青松好依托，直从平地起千寻。
——宋·贾昌朝《咏凌霄花》

317.

灰楸 *Catalpa fargesii* Bureau
紫葳科 Bignoniaceae　　梓属 *Catalpa* Scop.

物种特征：乔木。幼枝、花序、叶柄均有分枝毛。叶厚纸质，卵形或三角状心形，幼叶上面微被分枝毛，下面较密，后脱落无毛。顶生伞房状总状花序，有花7～15朵；花萼2裂近基部；花冠淡红色至淡紫色，内面具紫色斑点，钟状；雄蕊2，内藏，退化雄蕊3枚，花丝着生于花冠基部，花药广歧，长3～4毫米；花柱丝形，柱头2裂；子房2室，胚珠多数。蒴果细圆柱形，下垂；种子椭圆状线形，薄膜质，两端具丝状种毛。花期3～5月，果期6～11月。与梓主要区别在于，后者叶长宽近相等，基部心形，基部掌状脉5～7条，花淡黄色，冬季不落果。

利用价值：常栽培作庭园观赏树、行道树；木材细致，为优良的建筑、家具用材树种。

校园分布：位于金明校区中州路（环路）东段中部及偏南段行道树（与楸和梓混植）。

楸树高花欲插天，暖风迟日共茫然。落英满地君方见，惆怅春光又一年。
————宋·苏轼《梦中绝句》

318.

楸 *Catalpa bungei* C. A. Mey.
紫葳科 Bignoniaceae 梓属 *Catalpa* Scop.

物种特征：小乔木。叶三角状卵形或卵状长圆形，顶端长渐尖，基部截形，阔楔形或心形，有时基部具有1~2牙齿，叶面深绿色，叶背无毛。顶生伞房状总状花序，有花2~12朵；花萼蕾时圆球形，2唇开裂，顶端有2尖齿；花冠淡红色，内面具有2黄色条纹及暗紫色斑点。蒴果线形。种子狭长椭圆形，两端生长毛。花期5~6月，果期6~10月。与灰楸主要区别在于，后者叶卵形或三角状心形，基部截形或微心形，基部掌状脉3条，幼叶上面疏被毛，背面较密，花淡红至淡紫色。

利用价值：栽培作观赏树、行道树；木材坚硬，为良好的建筑用材；茎皮、叶、种子入药。

校园分布：校园常见行道树或成片栽植。如，金明校区中州路（环路）东段、药学院以南林中等处。

青幢紫盖立童童，细雨浮烟作彩笼。不得画师来貌取，定知难见一生中。
——唐·韩愈《游城南十六首·楸树》

319.

梓 *Catalpa ovata* G. Don
紫葳科 Bignoniaceae　梓属 *Catalpa* Scop.

物种特征：高大乔木。叶对生，有时轮生，阔卵形，长宽近相等，顶端渐尖，基部心形，常3浅裂。顶生圆锥花序，花萼蕾时圆球形，花冠钟状，淡黄色，内具2黄色条纹及紫色斑点；能育雄蕊2，退化雄蕊3；子房上位，棒状；花柱丝形，柱头2裂。蒴果线形，下垂，长20～30厘米，经冬不落。种子长椭圆形，长6～8毫米。花期6～7月，果期8～10月。与楸主要区别在于，后者叶三角状卵形或卵状长圆形，基部截形，阔楔形或心形，有时基部具有1～2牙齿，叶面深绿色，叶背无毛，花冠淡红色，冬季落果。

利用价值：嫩叶可食；叶或树皮可作农药；果实（梓实）、根皮（梓白皮）可入药。

校园分布：位于金明校区中州路东段中部及北部散生行道树（与灰楸和楸混植），药学院以南林中散生。

　　　　白日半西山，桑梓有余晖。蟋蟀夹岸鸣，孤鸟翩翩飞。

———汉·王粲《从军诗》

320.

臭牡丹 *Clerodendrum bungei* Steud.

唇形科 Lamiaceae　　大青属 *Clerodendrum* L.

物种特征：灌木，全株有臭味。小枝皮孔显著。叶宽卵形或卵形，具锯齿，下面疏被腺点，基部脉腋具盾状腺体；叶柄长 4 ～ 17 厘米，密被黄褐色柔毛。伞房状聚伞花序密集成头状；苞片披针形。花萼被柔毛及腺体；花冠淡红或紫红色；雄蕊及花柱均突出花冠外。核果近球形，蓝黑色。花果期 3 ～ 11 月。与海州常山主要区别在于，后者为灌木或小乔木，花萼萼筒中部略膨大，有 5 棱，顶端 5 深裂，裂片三角状，顶端尖，果时开展或反折。

利用价值：可作地被植物及绿篱栽培，花枝可用来插花；根、茎、叶可入药。

校园分布：位于金明校区双兰路中段以北湖边。

黄四娘家花满蹊，千朵万朵压枝低。留连戏蝶时时舞，自在娇莺恰恰啼。

——唐·杜甫《江畔独步寻花·其六》

321.

海州常山 *Clerodendrum trichotomum* Thunb.
唇形科 Lamiaceae　　大青属 *Clerodendrum* L.

物种特征：灌木或小乔木，全株有臭味。幼枝、叶柄、花序轴等多少被黄褐色柔毛，或近于无毛，老枝灰白色，具皮孔。叶片纸质，卵形或卵状椭圆形，顶部渐尖，基部宽楔形至截形，偶有心形，全缘或具波状齿；伞房状聚伞花序顶生或腋生，末次分枝着花3朵；花萼蕾时绿白色，后紫红色，果时宿存；花冠白色或带粉红色，花冠管细，雄蕊4。核果近球形，成熟时外果皮蓝紫色。花果期6～11月。与臭牡丹主要区别在于，后者为灌木，花萼钟状，顶端5裂齿。

利用价值：兼具观赏价值及药用价值。

校园分布：位于金明校区经济学院北侧林中1株。

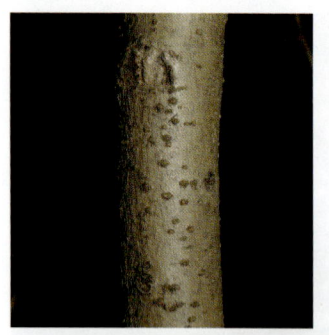  

花语：风雅，喜悦爱恋，光彩流溢。

322.

细风轮菜 *Clinopodium gracile* (Benth.) Matsum.
唇形科 Lamiaceae　　风轮菜属 *Clinopodium* L.

物种特征：草本，茎多数，具匍匐茎。叶圆卵形至卵状披针形，由下至上渐狭，先端钝至尖，基部圆，疏生圆齿至锯齿。轮伞花序分离，或密集于茎端成短总状花序，疏花；苞片针状，远较花梗为短；花萼管状，基部圆形，果时下倾，基部一边膨胀，上唇3齿，果时外反，下唇2齿；花冠白至紫红色，超过花萼长约1/2倍，冠筒向上渐扩大，冠檐2唇形；雄蕊4，前对能育，与上唇等齐，花药2室，花柱先端略增粗。小坚果卵球形，褐色。花期6～8月，果期8～10月。

利用价值：具有食用价值和药用价值，可缓解胃胀、治疗发烧发热和牙龈肿痛。

校园分布：位于金明校区化学化学化工学院北侧草地上成片生长。

323.

夏至草 *Lagopsis supina* (Steph. ex Willd.) Ikonn.-Gal.
唇形科 Lamiaceae　　夏至草属 *Lagopsis* (Bunge ex Benth.) Bunge

物种特征： 多年生草本。茎四棱形，具沟槽，带紫红色，密被微柔毛。叶轮廓为圆形，3深裂；叶柄长，扁平。轮伞花序疏花，径约1厘米；小苞片弯曲，刺状，密被微柔毛；花萼管状钟形，齿5，不等大，三角形，边缘有细纤毛；花冠白色，稀粉红色，外面被绵状长柔毛，内面被微柔毛；冠檐2唇形，上唇直伸，下唇斜展；雄蕊4，不伸出，后对较短；花柱先端2浅裂。小坚果长卵形，褐色，有鳞粃。花期3～4月，果期5～6月。
利用价值： 全草入药，功用同益母草。
校园分布： 校园常见，常成片生长。

花语：负责尽职，是非分明。

324.

宝盖草 *Lamium amplexicaule* L.
唇形科 Lamiaceae　野芝麻属 *Lamium* L.

物种特征：一年生或二年生草本，高 30 厘米。叶圆形或肾形，长 1～2 厘米，半抱茎，具深圆齿或近掌状分裂。轮伞花序具 6～10 花；花萼管状钟形，长 4～5 毫米，萼齿披针状钻形；花冠紫红或粉红色，上唇长圆形，长约 4 毫米，下唇稍长，中裂片倒心形，具 2 小裂片。倒卵球形小坚果淡灰黄色，具三棱，被白色小瘤。花期 3～5 月，果期 7～8 月。

利用价值：全草可入药，也可食用。

校园分布：各处草地偶见。如，金明校区药学院南侧林中草地。

花语：害羞。

325.

薄荷 *Mentha canadensis* L.
唇形科 Lamiaceae　　薄荷属 *Mentha* L.

物种特征： 多年生草本。茎直立多分枝，锐四棱形，具四槽。叶对生，卵状披针形或长圆形，基部以上疏生粗牙齿状锯齿，两面被微柔毛。球形轮伞花序腋生，径约1.8厘米；花冠淡紫或白色，长约4毫米，稍被微柔毛，上唇2裂，下唇稍长，3裂片近等大，长圆形。四个小坚果黄褐色，有洼点。花期7～9月，果期10月。

利用价值： 常用中药之一，也可泡水饮用，清心明目。

校园分布： 草地偶见成片生长。

牡丹影晨嬉成画，薄荷香中醉欲颠。却是能知在从息，有声堪恨复堪怜。

——宋·陈郁《得狸奴》

326.

丹参 *Salvia miltiorrhiza* Bunge

唇形科 Lamiaceae　　鼠尾草属 *Salvia* L.

物种特征： 多年生直立草本植物。根肥厚，外朱红色，内白色，肉质。叶片常为奇数羽状复叶，小叶 3～5（-7），具圆齿，两面被柔毛。顶生或腋生总状花序，苞片披针形；花萼钟形，带紫色；花冠紫蓝色，上唇 2 裂，下唇中裂片宽，先端 2 裂，裂片顶端具不整齐尖齿；能育雄蕊 2，伸至上唇片，花丝长 3.5～4 毫米，药隔长 17～20 毫米，上臂十分伸长，下臂短而增粗，药室不育，退化雄蕊 2；花柱远外伸。小坚果黑色，椭圆形。4～8 月开花，花后见果。与荔枝草主要区别在于，后者为单叶，雄蕊药隔上臂和下臂等长。

利用价值： 根可入药，含丹参酮。

校园分布： 金明校区药学院大门东侧。

巴戟连珠出蜀中，不凋三蔓草偏丰。煮和黑豆颜堪借，恶共丹参惜不同。

——清·赵瑾叔《本草诗·巴戟天》

327.

荔枝草 *Salvia plebeia* R. Br.
唇形科 Lamiaceae　　鼠尾草属 *Salvia* L.

物种特征： 一年生或二年生草本。茎直立，多分枝，被向下的灰白色疏柔毛。叶椭圆状卵圆形，边缘具圆齿、牙齿或尖锯齿，两面被疏毛，叶脉下陷。轮伞花序6花，多数，在茎、枝顶端密集组成总状或总状圆锥花序；花冠淡红、淡紫、紫、蓝紫至蓝色，稀白色，冠檐2唇形，上唇长圆形，下唇3裂，中裂片最大。能育雄蕊2；花柱先端不相等2裂。小坚果倒卵圆形。花期4~5月，果期6~7月。与丹参主要区别在于，后者为羽状复叶，药隔上臂十分伸长，下臂短而增粗。

利用价值： 全草入药，民间广泛用于跌打损伤、无名肿毒、流感、咽喉肿痛等。

校园分布： 校园草地少见散生，偶见成小片生长。

花语：富裕。

328.

黄荆 *Vitex negundo* L.
唇形科 Lamiaceae　牡荆属 *Vitex* L.

物种特征：小乔木或灌木状，小枝密被灰白色绒毛。掌状复叶，小叶 5，小叶长圆状披针形或披针形，先端渐尖，基部楔形，全缘或具少数锯齿，下面密被绒毛。聚伞圆锥花序顶生，长 10～27 厘米，花序梗密被灰色绒毛；花萼钟状，具 5 齿；花冠淡紫色，被绒毛，5 裂，二唇形；雄蕊伸出花冠外。核果近球形。花期 4～5 月，果期 6～10 月。

利用价值：茎皮可造纸及制人造棉；茎叶治久痢；种子为清凉性镇静、镇痛药。

校园分布：金明校区经济学院东北角林中 1 株。

花语：坚强不屈。

329.

通泉草 *Mazus pumilus* (Burm. f.) Steenis
通泉草科 Mazaceae　　通泉草属 *Mazus* Lour.

物种特征：一年生草本。茎1～5支或更多，直立，上升或倾卧状上升。基生叶少到多数，有时成莲座状或早落，倒卵状匙形至卵状倒披针形；茎生叶对生或互生，少数，与基生叶相似或几乎等大。总状花序生于茎、枝顶端，花疏稀；花萼钟状，花期时长约6毫米，果期宿存，略增大；花冠白色、紫色或蓝色，上唇裂片卵状三角形，下唇中裂片较小，倒卵圆形。蒴果球形。种子小而多数，黄色，种皮上有不规则的网纹。花果期4～10月。

利用价值：全草药用，可用于止痛、健胃、解毒消肿。

校园分布：草地偶见。如，金明校区南苑学生宿舍楼2号楼与3号楼之间草地上等处。

花语：守秘（沉默不语）。

330.

地黄 *Rehmannia glutinosa* (Gaertn.) DC.
列当科 Orobanchaceae 地黄属 *Rehmannia* Libosch. ex Fisch. & C. A. Mey.

物种特征： 多年生草本，密被灰白色多细胞长柔毛和腺毛。根茎肉质，鲜时黄色，茎紫红色。叶通常在茎基部集成莲座状，向上则强烈缩小成苞片；叶片卵形至长椭圆形，上面绿色，下面略带紫色或成紫红色。花在茎顶部略排列成总状花序，或几全部单生叶腋而分散在茎上；萼齿常5枚；花冠裂片5枚，内面黄紫色，外面紫红色；雄蕊4枚；花柱顶部扩大成2枚片状柱头。蒴果卵形至长卵形。花果期4～7月。

利用价值： 其根部为传统中药之一。

校园分布： 草地常见成片生长。

麦死春不雨，禾损秋早霜。岁晏无口食，田中采地黄。

———唐·白居易《采地黄者》

331.

枸骨 *Ilex cornuta* Lindl. & Paxton
冬青科 Aquifoliaceae　　冬青属 *Ilex* Tourn. ex L.

物种特征：常绿灌木或小乔木，树皮灰白色。幼枝具纵脊及沟，沟内被微柔毛或变无毛。叶片厚革质，二型，四角状长圆形或卵形，先端具3枚尖硬刺齿，中央刺齿常反曲，基部两侧各具1～2刺齿，有时全缘。花淡黄色，4基数，无毛，基部具1～2枚阔三角形的小苞片；花冠辐状，花瓣长圆状卵形，反折，基部合生。果球形，成熟时鲜红色，基部具四角形宿存花萼，顶端宿存盘状柱头，明显4裂。花期4～5月，果期10～12月。

利用价值：庭园观赏；其根、枝叶和果可入药。

校园分布：校园偶见。如，金明校区生命科学学院南侧路边，特种功能材料重点实验室南侧。

霜霰不凋色，两株交石坛。未秋红实浅，经夏绿阴寒。
　　　　　　　　　　　　——唐·许浑《洞灵观冬青》

332.

黄花蒿 *Artemisia annua* L.

菊科 Asteraceae　蒿属 *Artemisia* L.

物种特征：一年生草本，植株有浓烈挥发性香气。叶两面具脱落性白色腺点及细小凹点，茎下部叶三（至四）回栉齿状羽状深裂，中部叶二（至三）回栉齿状羽状深裂，上部叶与苞片叶一（至二）回栉齿状羽状深裂。头状花序球形，多数，在分枝上排成总状或复总状花序，在茎上组成开展的尖塔形圆锥花序，具雌花和两性花，花深黄色。瘦果小。花果期 8～11 月。与牛尾蒿主要区别在于，后者为半灌木状草本，分枝常屈曲延伸，基生叶与茎下部叶卵形或长圆形，中部叶卵形，均羽状 5 深裂，上部叶与苞片叶指状 3 深裂或不裂。

利用价值：作菊花砧木；入药作清热、解暑、截疟、凉血、利尿、健胃、止盗汗用。

校园分布：位于金明校区生命科学学院东侧实验田。

333.

牛尾蒿 *Artemisia dubia* L. ex B. D. Jacks.

菊科 Asteraceae　蒿属 *Artemisia* L.

物种特征：亚灌木状草本。茎丛生，分枝常屈曲延伸；茎、叶幼时被柔毛。基生叶与茎下部叶卵形或长圆形，中部叶卵形，均羽状5深裂，上部叶与苞片叶指状3深裂或不裂。头状花序基部有小苞叶，排成穗状总状花序及复总状花序，茎上组成开展、具多分枝的圆锥花序；总苞片无毛，具雌花和两性花。瘦果小。花果期8～10月。与黄花蒿主要区别在于，后者为一年生草本，茎下部叶三（至四）回栉齿状羽状深裂，中部叶二（至三）回栉齿状羽状深裂，上部叶与苞片叶一（至二）回栉齿状羽状深裂。

利用价值：入药，有清热、解毒、消炎、杀虫之效。

校园分布：位于金明校区中州路（环路）东段中部及偏南段苗圃周边少见。

334.

婆婆针 *Bidens bipinnata* L.
菊科 Asteraceae　鬼针草属 *Bidens* L.

物种特征：一年生草本。茎无毛或上部疏被柔毛。叶对生，二回羽状分裂，边缘疏生不规则粗齿，两面疏被柔毛。头状花序，花序梗长1～5厘米；总苞杯形，外层总苞片5～7，线形，草质，被稍密柔毛，内层膜质，椭圆形，背面褐色，被柔毛；舌状花常1～3，不育，舌片黄色，椭圆形或倒卵状披针形；盘花筒状，黄色，冠檐5齿裂。瘦果线形，3～4棱，具瘤突及小刚毛，顶端芒刺3～4，稀2，具倒刺毛。花期7～9月。

利用价值：全草入药，有清热解毒、散瘀活血的功效。

校园分布：位于金明校区护理与健康学院西侧路西草地。

335.

菊花 *Chrysanthemum × morifolium* (Ramat.) Hemsl.
菊科 Asteraceae　菊属 *Chrysanthemum* L.

物种特征： 多年生宿根草本。茎直立，被柔毛。叶互生，有短柄，叶片卵形至披针形，边缘有粗大锯齿，或羽状浅裂、半裂或深裂。头状花序单生或数个集生于茎枝顶端，大小不一，单个或数个集生于茎枝顶端，因品种不同，差别很大；舌状花白色、红色、紫色或黄色；花色则有红、黄、白、橙、紫、粉红、暗红等各色，培育的品种极多，形状因品种而有单瓣、平瓣、匙瓣等多种类型。花期 9～11 月。与野菊主要区别在于，后者头状花序小，舌状花黄色，可结果。

利用价值： 中国十大名花之一，花中四君子之一，也是世界四大切花之一，产量居首。

校园分布： 位于金明校区生命科学学院东侧实验田等处。

采菊东篱下，悠然见南山。山气日夕佳，飞鸟相与还。

——晋·陶渊明《饮酒·其五》

336.

野菊 *Chrysanthemum indicum* L.
菊科 Asteraceae　　菊属 *Chrysanthemum* L.

物种特征：多年生草本，茎枝疏被毛。基生叶和下部叶花期脱落，中部茎生叶卵形、长卵形或椭圆状卵形，羽状半裂、浅裂，有浅锯齿，裂片先端尖；叶柄基部无耳或有分裂叶耳，疏生柔毛。头状花序径1.5～2.5厘米，排成疏散伞房圆锥花序或伞房状花序；总苞片约5层，边缘白或褐色宽膜质，外层卵形或卵状三角形，中层卵形，内层长椭圆形；舌状花黄色。瘦果长1.5～1.8毫米。花期6～11月。与菊花主要区别在于，后者头状花序大小变异大，花色丰富多样，结果或不结果。

利用价值：全草入药，可清热解毒、疏风散热、散瘀、明目、降血压。

校园分布：位于金明校区生命科学学院东侧实验田栽培。

花开不并百花丛，独立疏篱趣未穷。宁可枝头抱香死，何曾吹落北风中。
————宋·郑思肖《寒菊》

337.

刺儿菜 *Cirsium arvense* (L.) Scop. var. *integrifolium* C. Wimm. et Grabowski
菊科 Asteraceae　蓟属 *Cirsium* Mill.

物种特征：多年生草本。基生叶和中部茎生叶椭圆形或椭圆状倒披针形；上部叶渐小，椭圆形、披针形或线状披针形。头状花序单生茎端或排成伞房花序；总苞片约6层，覆瓦状排列，向内层渐长，先端有刺尖；小花紫红或白色，雌花花冠长2.4厘米，檐部长6毫米，管部细丝状，长1.8厘米；两性花花冠长1.8厘米，檐部长6毫米，管部细丝状，长1.2毫米。瘦果淡黄色，顶端斜截，冠毛污白色。花果期5～9月。

利用价值：可入药，有凉血止血、祛瘀消肿等功效。

校园分布：校园常见。

花语：坚定独立，走进大自然。

338.

大花金鸡菊 *Coreopsis grandiflora* Nutt. ex Chapm.

菊科 Asteraceae　金鸡菊属 *Coreopsis* L.

物种特征： 多年生草本。茎基部叶成对簇生，叶匙形或线状倒披针形，长3.5～7厘米；下部叶羽状全裂，裂片线形或线状长圆形；上部叶全缘或3深裂。头状花序单生茎端，径4～5厘米，舌状花黄色，舌片倒卵形或楔形，管状花窄钟形。瘦果宽椭圆形或近圆形，边缘翅较厚，内凹成耳状，内面有多数小瘤突。花期5～9月。

利用价值： 生态效用较大，枝叶美丽，有良好的观赏价值。

校园分布： 位于金明校区作物逆境适应与改良国家重点实验室东围墙外。

战罢秋风笑物华，野人偏自献黄花。已看铁骨经霜老，莫遣金心带雨斜。
——明·张煌言《野人饷菊有感》

339.

矢车菊 *Centaurea cyanus* L.
菊科 Asteraceae　　矢车菊属 *Centaurea* L.

物种特征：一年生或二年生草本。基生叶及下部茎生叶长椭圆状倒披针形或披针形，全缘，或琴状羽裂，边缘有小锯齿；中上部茎生叶条形或条状披针形，全缘。头状花序多数或少数在茎枝顶端排成伞房花序或圆锥花序；总苞片约7层，顶端有浅褐色或白色的附属物；边花超长于中央盘花，蓝色、白色、红色或紫色，檐部 5～8 裂，盘花浅蓝色或红色。瘦果椭圆形，被稀疏的白色柔毛；冠毛白色或浅土红色，2列，全部冠毛刚毛毛状。花果期 2～8 月。

利用价值：良好的观赏植物和蜜源植物。

校园分布：位于金明校区作物逆境适应与改良国家重点实验室东围墙外。

花语：幸福，光明，遇见，温柔。

340.

鳢肠 *Eclipta prostrata* (L.) L.
菊科 Asteraceae　　鳢肠属 *Eclipta* L.

物种特征： 一年生草本。叶长圆状披针形或披针形，边缘有细锯齿或波状，两面密被糙毛。头状花序径 6～8 毫米，花序梗长 2～4 厘米；总苞球状钟形，总苞片绿色，草质，2 层，背面及边缘被白色伏毛；外围雌花 2 层，白色，舌片先端 2 浅裂或全缘；中央两性花多数，花冠管状，白色。瘦果暗褐色，长 2.8 毫米，雌花瘦果三棱形，两性花瘦果扁四棱形，边缘具白色肋，有小瘤突，无毛。花期 6～9 月。

利用价值： 全草入药，有凉血、止血、消肿、强壮之功效。

校园分布： 校园偶见。如，金明校区基础实验中心楼前。

341.

香丝草 *Erigeron bonariensis* L.
菊科 Asteraceae　飞蓬属 *Erigeron* L.

物种特征：一年生或二年生草本，根纺锤状。叶密集，下部叶倒披针形，通常具粗齿或羽状浅裂，中部叶具齿，上部叶全缘。头状花序多数，在茎端排列成总状或总状圆锥花序；总苞片2～3层，线形，背面密被灰白色短糙毛，外层稍短或短于内层之半，具干膜质边缘；雌花多层，白色；两性花淡黄色。瘦果线状披针形，疏被短毛。花期5～10月。与小蓬草主要区别在于，后者茎直立，上部多分枝，叶色淡绿，基生叶具疏锯齿或全缘，花期常枯萎，头状花序小，数目极多。

利用价值：全草入药，治感冒、疟疾、急性关节炎及外伤出血等症。

校园分布：校园常见。

342.

小蓬草 *Erigeron canadensis* L.

菊科 Asteraceae　　飞蓬属 *Erigeron* L.

物种特征：一年生草本。根纺锤状，具纤维状根。茎直立，单生，上部多分枝。叶密集，基部叶花期常枯萎，下部叶倒披针形，中部和上部叶较小，线状披针形或线形，近无柄或无柄。头状花序多数，小，排列成顶生多分枝的大圆锥花序；总苞片2～3层，淡绿色，线状披针形或线形，外层约短于内层之半；雌花多数，舌状，白色；两性花淡黄色。瘦果线状披针形。花期5～9月。与一年蓬主要区别在于，后者植株被硬毛，舌状花白色，或有时淡天蓝色。

利用价值：全草入药消炎止血、祛风湿，治血尿、水肿等症。

校园分布：校园偶见。如，金明校区中州路（环路）西北角内侧林中。

343.

一年蓬 *Erigeron annuus* (L.) Desf.
菊科 Asteraceae　飞蓬属 *Erigeron* L.

物种特征：一年生或二年生草本。基部叶花期枯萎，长圆形或宽卵形，基部狭成具翅的长柄，边缘具粗齿；下部叶与基部叶同形，但叶柄较短；中部和上部叶较小。头状花序数个或多数，排列成疏圆锥花序；总苞片3层，草质，披针形，背面密被腺毛和疏长节毛；外围的雌花舌状，2层，舌片平展，白色，或有时淡天蓝色；中央的两性花管状，黄色。瘦果压扁。花期6～9月。与香丝草主要区别在于，后者下部多分枝，叶色墨绿，下部叶倒披针形，通常具粗齿或羽状浅裂，中部叶具齿，上部叶全缘，外围花白色。

利用价值：全草可入药，有治疟的良效。

校园分布：校园草地偶见散生。如，金明校区下沉广场周围花坛中，地理与环境学院以南湖岸上。

花语：随遇而安。

344.

菊芋 *Helianthus tuberosus* Parry
菊科 Asteraceae　向日葵属 *Helianthus* L.

物种特征：多年生草本，有块茎。茎直立，有分枝，被白色短糙毛或刚毛。叶通常对生，有叶柄；下部叶卵圆形或卵状椭圆形，边缘有粗锯齿；上部叶互生，长椭圆形至阔披针形，顶端渐尖，短尾状。头状花序较大，少数或多数，单生于枝端，有1～2个线状披针形的苞叶；总苞片多层，披针形；舌状花通常12～20个，舌片黄色，开展；管状花花冠黄色，长6毫米；瘦果小，楔形，上端有2～4个有毛的锥状扁芒。花期8～9月。

利用价值：可供食用；块茎含有丰富的淀粉，是优良的多汁饲料。

校园分布：位于金明校区生命科学学院东侧实验田栽培。

不用移春槛，西风满客车。行行无长物，粲粲只黄花。

——宋·连文凤《菊》

345.

泥胡菜 *Hemisteptia lyrata* (Bunge) Bunge
菊科 Asteraceae　泥胡菜属 *Hemisteptia* Bunge ex Fisch. & C. A. Mey.

物种特征：一年生草本。基生叶长椭圆形或倒披针形，中下部茎生叶与基生叶同形，叶均大头羽状深裂或几全裂，有时茎生叶不裂。头状花序在茎枝顶端排成伞房花序，稀头状花序单生茎顶；小花两性，管状，花冠红或紫色，檐部长3毫米，细管部长1.1厘米；花药基部附属物尾状，稀撕裂，花丝分离，无毛；花柱分枝长0.4毫米，顶端平截。瘦果楔形或扁斜楔形；冠毛2层，外层刚毛羽毛状，内层刚毛鳞片状。花果期3～8月。

利用价值：全草可入药，具消肿散结、清热解毒功效。

校园分布：校园常见。如，金明校区药学院以南林中草地上。

346.

旋覆花 *Inula japonica* (Miq.) Komarov
菊科 Asteraceae　　旋覆花属 *Inula* L.

物种特征： 多年生草本。茎被长伏毛，或下部脱毛。基部叶常较小，花期枯萎；中部叶长圆形、长圆状披针形或披针形，基部常有圆形半抱茎小耳，无柄，中脉和侧脉有较密长毛；上部叶线状披针形。头状花序排成疏散伞房花序，花序梗细长；舌状花黄色，较总苞长 2～2.5 倍，舌片线形；管状花冠毛白色，与管状花近等长。瘦果圆柱形，有 10 条浅沟，被疏短毛。花期 6～10 月，果期 9～11 月。

利用价值： 入药用于治疗风寒咳嗽、痰饮蓄结等症状。

校园分布： 多在阴湿处成片生长。如，金明校区访秋湖东岸和南岸上。

花语：别离。

347.

中华苦荬菜 *Ixeris chinensis* (Thunb. ex Thunb.) Nakai

菊科 Asteraceae　　苦荬菜属 *Ixeris* (Cass.) Cass.

物种特征：多年生草本，全株具丰富乳汁。基生叶长椭圆形、倒披针形、线形或舌形，全缘或羽状浅裂、半裂或深裂；茎生叶 2～4 枚，极少 1 枚或无茎叶，长披针形或长椭圆状披针形，不裂，边缘全缘。头状花序通常在茎枝顶端排成伞房花序，含舌状小花 21～25 枚；舌状小花黄色，干时带红色。瘦果褐色，长椭圆形，有 10 条高起的钝肋，肋上有上指的小刺毛，顶端急尖成丝状细喙；冠毛白色，微糙。花果期 1～10 月。

利用价值：全草入药，用于肠痈、肺痈高热、咳吐脓血等。

校园分布：校园常见。

花语：喜乐。

348.

野莴苣 *Lactuca serriola* L.
菊科 Asteraceae　莴苣属 *Lactuca* L.

物种特征： 一年生草本，高 50～80 厘米。茎单生，直立，上部圆锥状花序分枝或自基部分枝。全部叶或裂片边缘有细齿或刺齿或细刺或全缘，下面沿中脉有刺毛，刺毛黄色；中下部茎叶常倒披针或长椭圆形，倒向羽状或羽状浅裂、半裂或深裂，基部箭头状抱茎，侧裂片 3～6 对；最下部茎叶及接圆锥花序下部的叶与中下部茎叶同形或披针形、线状披针形或线形。头状花序多数，在茎枝顶端排成圆锥状花序；总苞果期卵球形，总苞片外层及最外层小，外面无毛。舌状小花，黄色。瘦果倒披针形。花果期 6～8 月。

利用价值： 入药，具止痛安神、祛风化湿、消肿镇静等功效。

校园分布： 金明校区生命科学学院东侧实验田偶见。

349.

苦苣菜 *Sonchus oleraceus* (L.) L.
菊科 Asteraceae 　苦苣菜属 *Sonchus* L.

物种特征：一年生或二年生草本。茎枝无毛，或上部花序被腺毛。基生叶羽状深裂，或不裂；中下部茎生叶羽状深裂；下部叶与中下部叶同形，基部圆耳状，半抱茎；全部叶常有大小不等的急尖锯齿或大锯齿，或上部及接花序分枝处叶的部分全缘。头状花序排成伞房或总状花序或单生茎顶；总苞片3～4层，先端长尖，背面无毛；舌状小花黄色。瘦果褐色，每面各有3条细脉，肋间有横皱纹。花果期5～12月。与续断菊主要区别在于，后者叶常不裂，基部渐狭成翼柄，上部叶基部圆耳状抱茎，全部叶缘有尖齿刺，瘦果肋间不具横皱纹。

利用价值：全草入药，有祛湿、清热解毒功效。

校园分布：校园常见。如，金明校区南苑学生宿舍楼2号楼与3号楼之间草地。

花语：旅人。

350.

续断菊 *Sonchus asper* (L.) Hill.
菊科 Asteraceae 苦苣菜属 *Sonchus* L.

物种特征：一年生草本。茎单生或簇生，茎枝无毛或上部及花序梗被腺毛。基生叶常不裂，上部叶基部圆耳状抱茎，或全部茎生叶羽状浅裂、半裂或深裂，侧裂片4～5对。上部长或短总状或伞房状花序分枝，或花序分枝极短缩，排成稠密伞房花序；总苞宽钟状，总苞片3～4层；舌状小花黄色。瘦果倒披针状，褐色，两面各有3条细纵肋；冠毛白色。花果期5～10月。与苦苣菜主要区别在于，后者叶常羽状深裂，中、下部叶基部圆耳状半抱茎，全部叶常有急尖锯齿或大锯齿，或上部及接花序分枝处叶的部分全缘，瘦果肋间具横皱纹。

利用价值：可做野菜食用；药用有清热解毒、凉血止血的功效。

校园分布：林下或草地常见。如，金明校区南苑学生宿舍楼2号楼与3号楼之间。

351.

长裂苦苣菜 *Sonchus brachyotus* DC.

菊科 Asteraceae　苦苣菜属 *Sonchus* L.

物种特征： 一年生草本。根垂直直伸，生多数须根；全部茎枝光滑无毛。基生叶与下部茎叶向下渐狭，基部圆耳状扩大，半抱茎；全部叶两面光滑无毛，羽状深裂、半裂或浅裂，极少不裂。头状花序少数在茎枝顶端排成伞房状花序；总苞钟状，全部总苞片4～5层，顶端急尖，外面光滑无毛；舌状小花多数，黄色。瘦果长椭圆状，褐色，稍压扁，每面有5条高起的纵肋，肋间有横皱纹；冠毛白色，单毛状。花果期6～9月。以其"叶羽状裂，侧裂片对生，部分互生或偏斜互生，全缘，常有缘毛，苞片4～5层"等特征易于识别。

利用价值： 具有清热解毒、凉血利湿、消肿排脓、祛瘀止痛、补虚止咳的功效。

校园分布： 校园偶见。如，金明校区护理与健康学院西侧路西草地。

采茗归来日未斜，更携苦菜入仙家。后园同坐枯桐树，仰看红桃落涧花。

——宋·周文璞《与弁山道士饮》

352.

钻叶紫菀 *Symphyotrichum subulatum* (Michx.) G. L. Nesom
菊科 Asteraceae　联毛紫菀属 *Symphyotrichum* Nees

物种特征：一年生草本。主根圆柱状，向下渐狭。茎单一直立，茎和分枝具粗棱，光滑无毛。基生叶在花期凋落，茎生叶多数，叶片披针状线形，极稀狭披针形，两面绿色，光滑无毛，中脉在背面凸起。头状花序极多数，花序梗纤细、光滑；总苞钟形，总苞片外层披针状线形，内层线形，边缘膜质，光滑无毛；雌花花冠舌状，舌片淡红色、红色、紫红色或紫色，线形，两性花花冠管状，冠管细。瘦果稍扁，冠毛褐色。花果期6～10月。

利用价值：全草药用，外用治湿疹、疮疡肿毒。

校园分布：校园偶见。如，金明校区护理与健康学院西墙边草地，地理与环境学院以南湖岸上。

花语：回忆、反省，健康。

353.

万寿菊 *Tagetes erecta* L.
菊科 Asteraceae　　万寿菊属 *Tagetes* L.

物种特征：一年生草本。茎直立，粗壮，具纵细条棱，分枝向上平展。叶羽状分裂，边缘具锐锯齿，上部叶裂片的齿端有长细芒，沿叶缘有少数腺体。头状花序单生，花序梗顶端棍棒状膨大；总苞杯状，顶端具齿尖，舌状花黄色或暗橙色，舌片倒卵形，基部收缩成长爪，顶端微弯缺；管状花花冠黄色，顶端具5齿裂。瘦果线形，基部缩小，黑色或褐色，被短微毛，冠毛有1～2个长芒和2～3个短而钝的鳞片。花期7～9月。

利用价值：常见的园林绿化花卉；具有一定的药用价值，花、根、叶都可以入药。

校园分布：金明校区土木建筑学院门前花坛中。

一夜新霜著瓦轻，芭旧心折败荷倾。奈寒惟有东篱菊，金粟繁开晓更清。

——唐·白居易《咏菊》

354.

蒲公英 *Taraxacum mongolicum* Hand.-Mazz.
菊科 Asteraceae　　蒲公英属 *Taraxacum* F. H. Wigg.

物种特征： 多年生草本。叶倒卵状披针形、倒披针形或长圆状披针形，边缘有时具波状齿或羽状深裂，裂片间常生小齿，基部渐窄成叶柄，叶柄及主脉常带红紫色，疏被蛛丝状白色柔毛或几无毛。花葶1至数个，上部紫红色；总苞钟状，淡绿色，外层卵状披针形或披针形，基部淡绿色，上部紫红色，先端背面增厚或具角状突起。瘦果倒卵状披针形，暗褐色，纤细，冠毛白色。花期4～9月，果期5～10月。与药用蒲公英主要区别在于，后者外层总苞片反卷，先端尖，瘦果浅黄褐色，中部以上有大量小尖刺，其余部分具小瘤状突起。

利用价值： 一种药食兼用的植物，具有"抗病毒、抗感染、抗肿瘤"的三抗作用。

校园分布： 校园常见。如，金明校区生命科学学院实验田，教育学部南侧园中等。

地丁叶嫩和岚采，天蓼芽新入粉煎。平代启闹闻继发，监军凭轼见刘焉。
——宋·薛田《成都书事百韵诗》

355.

药用蒲公英 *Taraxacum officinale* F. H. Wigg.
菊科 Asteraceae　蒲公英属 *Taraxacum* F. H. Wigg.

物种特征： 多年生草本。叶狭倒卵形、长椭圆形，稀少倒披针形，大头羽状深裂或羽状浅裂，裂片间常有小齿或小裂片。花葶多数，长于叶，顶端被丰富的蛛丝状毛，基部常显红紫色；头状花序，总苞宽钟状，总苞片绿色，外层总苞片宽披针形至披针形，反卷；舌状花亮黄色，花冠喉部及舌片下部的背面密生短柔毛，柱头暗黄色。瘦果浅黄褐色，中部以上有大量小尖刺，其余部分具小瘤状突起，冠毛白色。花果期 6～8 月。与蒲公英主要区别在于，后者总苞片先端背面增厚或具角状突起，瘦果暗褐色，上部具小刺，下部具成行排列的小瘤。

利用价值： 药用有清热解毒、消肿散结、利尿通淋的功效。

校园分布： 金明校区经济学院北侧林中成片生长，其他处偶见。

废苑苔生天子笔，荒街春绣地丁花。

——清·方正澍《过瓦官寺》

356.

苍耳 *Xanthium strumarium* L.
菊科 Asteraceae　苍耳属 *Xanthium* L.

物种特征：一年生草本植物。根纺锤状，分枝或不分枝。茎直立，不分枝或少有分枝，下部圆柱形，上部有纵沟，被灰白色糙伏毛。叶片三角状卵形或心形，近全缘，边缘有不规则的粗锯齿，被糙伏毛。雄性的头状花序球形，总苞片长圆状披针形，花冠钟形，花药长圆状线形；雌性的头状花序椭圆形，外层总苞片小，披针形，喙坚硬，锥形。瘦果倒卵形。7～8月开花，9～10月结果。

利用价值：药用有清热解毒、消肿散结、利尿通淋的功效。

校园分布：金明校区护理与健康学院西侧路西草地。

蓬莠独不焦，野蔬暗泉石。卷耳况疗风，童儿且时摘。

——唐·杜甫《驱竖子摘苍耳》

357.

黄鹌菜 *Youngia japonica* (L.) DC.
菊科 Asteraceae　黄鹌菜属 *Youngia* Cass.

物种特征： 多年生草本。根垂直直伸，生多数须根。茎下部被柔毛；叶片为基生叶，极少有茎生叶，基生叶叶柄有翼或无翼，顶裂片卵形、倒卵形或卵状披针形，侧裂片 3～7 对，椭圆形，最下方侧裂片耳状，侧裂片均有锯齿或细锯齿或有小尖头，叶及叶柄被柔毛。头状花序排成伞房花序；总苞圆柱状，总苞片 4 层，背面无毛；舌状小花黄色，花冠管外面有短柔毛。瘦果纺锤形，褐或红褐色，无喙，有 11～13 条纵肋，冠毛糙毛状。花果期 4～10 月。与异叶黄鹌菜主要区别在于，后者中下部茎生叶多数，常大头羽裂，顶裂片常戟形。

利用价值： 嫩叶可食用；全草可入药，有清热解毒、消肿止痛功效。

校园分布： 校园背阴处或林下常见。如，金明校区南苑学生宿舍楼 2 号楼与 3 号楼之间草地。

花语：喜乐。

358.

异叶黄鹌菜 *Youngia heterophylla* (Hemsl.) Babcock et Stebbins

菊科 Asteraceae 黄鹌菜属 *Youngia* Cass.

物种特征： 一年生或二年生草本。茎直立，单生或簇生。基生叶大头羽裂，顶裂片常戟形；中下部茎叶多数，与基生叶同形并等样分裂或戟形，不裂；上部茎叶通常大头羽状三全裂或戟形，不裂；最上部茎叶常不分裂，叶柄及叶两面有稀疏的短柔毛。头状花序多数在茎枝顶端排成伞房花序；总苞片4层，外面无毛，外层及最外层小；舌状小花黄色。瘦果黑褐紫色，纺锤形，纵肋多数，肋上有小刺毛；冠毛白色，糙毛状。花果期4～10月。与黄鹌菜主要区别在于，后者茎生叶极少或无，有茎生叶时，其顶裂片也不为戟形。

利用价值： 全草可入药，有清热解毒、利尿消肿、止痛的功效。

校园分布： 校园背阴处或林下常见。如，金明校区南苑学生宿舍楼2号楼与3号楼之间草地。

359.

粉团 *Viburnum thunbergianum* 'Plenum'

五福花科 Adoxaceae　　荚蒾属 *Viburnum* L.

物种特征： 落叶灌木。当年小枝浅黄褐色，四棱，被黄褐色簇状绒毛，二年生小枝散生圆形皮孔，老枝圆筒形，近平展。叶纸质，有不整齐三角状锯齿，上面疏被短伏毛，中脉毛较密，下面密被绒毛，或仅侧脉有毛，侧脉10～12（13）对，直达齿端；叶柄长1～2厘米，被薄绒毛，无托叶。聚伞花序伞形式，球形，多级分枝，花多数，全为大型不孕花，生于第4级辐射枝；花冠白色，辐状，裂片4。花期4～5月。与琼花主要区别在于，后者小枝和叶粗糙，被簇状短毛，聚伞花序，周围具大型不孕花，可孕花小，多数。

利用价值： 花大美丽，为常见栽培的观花植物。

校园分布： 位于金明校区综合教学楼北路北林中1株。

花语：希望，健康，美满，团圆，象征有耐力的爱情。

360.

琼花 *Viburnum macrocephalum* Fortune f. *keteleeri* (Carrière) Rehder

五福花科 Adoxaceae　荚蒾属 *Viburnum* L.

物种特征： 落叶或半常绿灌木，高达4米。树皮灰褐色或灰白色；芽、幼枝、叶柄及花序均密被簇状短毛，后渐变无毛。叶纸质，上面初时密被簇状短毛，后仅中脉有毛，下面被簇状短毛。聚伞花序，周围具大型不孕花，花瓣5，白色，可孕花小，花冠白色，辐状，雄蕊稍高出花冠。果实红色而后变黑色，椭圆形；核扁，矩圆形至宽椭圆形。花期4月，果熟期9~10月。与粉团主要区别在于，后者小枝被绒毛，叶被毛，叶脉下陷，直达叶缘，全为不孕花。

利用价值： 树姿优美，为传统名贵花木；叶和根可作药用。

校园分布： 金明校区综合教学楼以北园中。

弄玉轻盈，飞琼淡泞，袜尘步下迷楼。
——宋·郑觉斋《扬州慢·琼花》

361.

皱叶荚蒾 *Viburnum rhytidophyllum* Hemsl.
五福花科 Adoxaceae　荚蒾属 *Viburnum* L.

物种特征：常绿灌木或小乔木，常被簇状毛。冬芽裸露或有鳞片；单叶对生，叶革质，上面深绿色有光泽，各脉深凹陷而呈极度皱纹状，下面有凸起网纹；托叶通常微小，或不存在。花小，两性，整齐；花序伞形式、圆锥式或伞房式，顶生或侧生，很少紧缩成簇状；萼齿5，宿存；花冠常白色，裂片5枚。果实为核果，核扁平，较少圆形，内含1粒种子，有2条背沟和3条腹沟。花期4～5月，果熟期9～10月。以其"叶革质，深绿色，各脉深凹陷而呈极度皱纹状，聚伞花序稠密，花小可孕"等特征易于识别。

利用价值：树姿优美，常栽培供观赏；该种茎皮纤维可作麻及制绳索。

校园分布：金明校区经济学院西北角多株。

花语：至死不渝的爱。

362.

日本珊瑚树 *Viburnum awabuki* K. Koch
五福花科 Adoxaceae　荚蒾属 *Viburnum* L.

物种特征：常绿灌木或小乔木，高 10 米左右。树冠倒卵形，枝干挺直，树皮灰褐色，具有圆形皮孔。叶对生，革质，上面深绿色有光泽，两面无毛或脉上散生簇状微毛，边缘常有较规则的波状浅钝锯齿。圆锥花序顶生或生于侧生短枝上，花通常生于序轴的第二至第三级分枝上，花冠筒长 3.5～4 毫米，裂片长 2～3 毫米；花柱较细，柱头常高出萼齿。果实先红色后变黑色，核卵状椭圆形，浑圆，有 1 条深腹沟。花期 5～6 月，果熟期 9～10 月。

利用价值：园林绿化树种，对煤烟和有毒气体具有较强的抗性和吸收能力。

校园分布：校园常见。如，金明校区行政楼周围及化学化学化工学院后。

花语：美满的祝福。

363.

蝟实 *Kolkwitzia amabilis* Graebn.
忍冬科 Caprifoliaceae　　猬实属 *Kolkwitzia* Graebn.

物种特征：直立灌木，多分枝。幼枝红褐色，被短柔毛及糙毛，老枝光滑，茎皮剥落。叶对生，两面散生短毛，脉上和边缘密被直柔毛和睫毛。伞房状聚伞花序具总花梗；苞片披针形，紧贴子房基部；萼筒外面密生长刚毛，裂片有短柔毛；花冠淡红色，基部甚狭，中部以上突然扩大，内面具黄色斑纹；花柱有软毛，柱头不伸出花冠筒外。果实密被黄色刺刚毛，顶端伸长如角，冠以宿存的萼齿。花期5～6月，果熟期8～9月。

利用价值：观赏花木；对于研究植物区系、古地理和忍冬科系统发育有一定的科学价值。

校园分布：位于金明校区经济学院东北角林中，综合教学楼6号楼北文甫路北林下。

花语：珍惜。

364.

忍冬 *Lonicera japonica* Thunb.

忍冬科 Caprifoliaceae　　忍冬属 *Lonicera* L.

物种特征：半常绿藤本。幼枝红褐色，密被毛，下部常无毛。叶纸质，顶端尖或渐尖，基部圆或近心形，有糙缘毛。花冠白色，有时基部向阳面呈微红，后变黄色，唇形，筒稍长于唇瓣，很少近等长，上唇裂片顶端钝形，下唇带状而反曲；雄蕊和花柱均高出花冠。果实球形，熟时蓝黑色，有光泽。种子卵圆形或椭圆形，褐色。花期 4～6 月，果期 10～11 月。与金银忍冬主要区别在于，后者为落叶灌木，花冠筒较短，筒长约为唇瓣的 1/2，下唇平展，果实暗红色。

利用价值：常用中药，花性甘寒，具清热解毒、消炎退肿等功效。

校园分布：位于金明校区中州路（环路）西北角以外行道树下等处。

花语：全心全意把爱奉献给你。

365.

金银忍冬 *Lonicera maackii* (Rupr.) Maxim.

忍冬科 Caprifoliaceae　　忍冬属 *Lonicera* L.

物种特征： 落叶灌木。幼枝、叶两面脉上、叶柄、苞片、小苞片及萼檐外面均被短柔毛和微腺毛。冬芽小，卵圆形，有5～6对或更多鳞片。叶纸质，形状变化较大。花芳香，生于幼枝叶腋；苞片条形，有时条状倒披针形而呈叶状；相邻两萼筒分离，萼檐钟状；花冠先白色后变黄色，唇形，筒长约为唇瓣的1/2，内被柔毛。果实暗红色，球形。种子具蜂窝状微小浅凹点。花期5～6月，果熟期8～10月。与忍冬主要区别在于，后者为半常绿藤本，花冠筒细，与唇瓣近等长，下唇反曲，果实蓝黑色。

利用价值： 观赏花木；茎皮可制人造棉；花可提取芳香油；种子榨成的油可制肥皂。

校园分布： 位于金明校区生命科学学院东侧实验田，药学院药用植物园。

有藤名鹙鹙，天生匪人育。金花间银蕊，翠蔓自成簇。
——金·段克己《采鹙鹙藤，因而成咏寄家弟试之》

366.

郁香忍冬 *Lonicera fragrantissima* Lindl. ex Paxt.
忍冬科 Caprifoliaceae　　忍冬属 *Lonicera* L.

物种特征：半常绿或落叶灌木。幼枝无毛或疏被倒刚毛，毛脱落后留有小瘤状突起，老枝灰褐色。冬芽有1对顶端尖的外鳞片。叶对生，厚纸质或带革质。花先于叶或与叶同时开放，芳香，生于幼枝基部苞腋；苞片披针形至近条形；花冠白色或淡红色，唇形，内面密生柔毛；雄蕊内藏，花丝长短不一；花柱无毛。果实矩圆形，部分连合。种子褐色，矩圆形，有细凹点。花期2～4月，果熟期4～5月。以其"花极香，花冠白色或淡红色，花冠筒短，基部有浅囊，果实鲜红色"等特征易于识别。

利用价值：根、嫩枝、叶（破骨风）入药，甘，凉，可祛风除湿、清热止痛。

校园分布：金明校区文甫路东段路北林中成片种植。

春晚山花各静芳，从教红紫送韶光。忍冬清馥蔷薇酽，薰满千村万落香。

——宋·范成大《余杭》

367.

锦带花 *Weigela florida* (Bunge) A. DC.
忍冬科 Caprifoliaceae　锦带花属 *Weigela* Thunb.

物种特征：落叶灌木。幼枝稍四棱形，树皮灰色，芽顶端尖，常光滑。叶对生，边缘有锯齿。花单生或成聚伞花序生于侧生短枝的叶腋或枝顶；萼筒长圆柱形，萼齿长约1厘米，不等，深达萼檐中部；花冠紫红色或玫瑰红色，裂片不整齐，开展，内面浅红色；花丝短于花冠，花药黄色；子房上部的腺体黄绿色，花柱细长。果实顶端有短柄状喙，疏生柔毛。种子无翅。花期4～6月。

利用价值：早春花灌木。

校园分布：位于金明校区特种功能材料重点实验室南侧林中。

妍红棠棣妆，弱绿蔷薇枝。小风一再来，飘飘随舞衣。
———宋·范成大《锦带花》

368.

海桐 *Pittosporum tobira* (Thunb.) Ait.
海桐科 Pittosporaceae　海桐属 *Pittosporum* Banks ex Gaertn.

物种特征：常绿灌木或小乔木，高达 6 米。嫩枝被褐色柔毛，有皮孔。叶聚生于枝顶，二年生，革质，嫩时上下两面有柔毛，以后变秃净，倒卵形或倒卵状披针形。伞形花序或伞房状伞形花序顶生或近顶生，花白色，有芳香，后变黄色；萼片卵形，长 3～4 毫米，被柔毛；花瓣倒披针形，离生；子房长卵形，密被柔毛。蒴果圆球形，有棱或呈三角形，室背开裂。花期 3 至 5 月，果熟期 9 至 10 月。

利用价值：理想的花坛造景树；抗二氧化硫等有害气体的能力强，为环保树种。

校园分布：校园常见。如，金明校区教科院南侧园中。

海桐花发最高枝，碧宇霏微芳树迟。汾水止应多寂寞，蓝田却记最葳蕤。
———明·柳如是《初夏感怀四首·其一》

369.

刺楸 *Kalopanax septemlobus* (Thunb.) Koidz.
五加科 Araliaceae　　刺楸属 *Kalopanax* Miq.

物种特征： 落叶乔木。高达 30 米，胸径可达 1 米。树皮灰黑色，纵裂，树干及枝上具鼓钉状扁刺；幼枝被白粉。单叶，在长枝上互生，在短枝上簇生，具细齿；叶柄细长，无托叶。伞形花序，花梗长约 5 毫米，疏被柔毛，无关节；花白或淡黄色；萼筒具 5 齿；花瓣 5，镊合状排列；雄蕊 5，花丝较花瓣长约 2 倍；子房 2 室，花柱 2，连成柱状，顶端离生。果近球形，蓝黑色。种子扁平，胚乳均匀。花期 7 ~ 10 月，果期 9 ~ 12 月。

利用价值： 木材质硬，木理通直，供建材，家具和铁路枕木用；树根、树皮可入药。

校园分布： 位于金明校区物理与电子学院北侧林中。

涧花粉棠艳，山菜刺楸肥。谁见孤吟罢，松间倚石扉。
——清·李宪噩《送远道人归九仙山》

370.

芫荽 *Coriandrum sativum* L.
伞形科 Apiaceae　芫荽属 *Coriandrum* L.

物种特征：一年生或二年生草本，具强烈气味。根纺锤形，细长，有多数纤细的支根。茎圆柱形，直立，多分枝，有纵条纹。基生叶有柄；叶片1或2回羽状全裂，叶柄基部鞘状抱茎。复伞形花序顶生或与叶对生；小总苞片2～5，线形，全缘；小伞形花序有花3～9，花白色或带淡紫色，周围花两侧对称；萼齿通常大小不等；花瓣倒卵形；花柱幼时直立，果熟时向外反曲。果实圆球形，背面主棱及相邻的次棱明显。花果期4～11月。

利用价值：茎叶作蔬菜和香料；果实可提芳香油；果入药，有祛风、透疹之效。

校园分布：位于金明校区光伏材料省重点实验室楼南侧小菜园栽培。

花语：孤独的长跑者。

371.

胡萝卜 *Daucus carota* L. var. *sativa* Hoffm.
伞形科 Apiaceae 胡萝卜属 *Daucus* L.

物种特征： 一年生或二年生草本。根粗壮，长圆锥形，呈橙红色或黄色。茎直立，多分枝。叶片具长柄，羽状全裂；叶柄基部扩大，形成叶鞘。复伞形花序，伞辐多数；花序梗有糙硬毛；总苞片多数，呈叶状，果期外围的伞辐向内靠拢；花通常白色，有时带淡红色；花柄不等长。果实矩圆形，棱上有白色刺毛。花期5~7月。

利用价值： 根作蔬菜食用，可预防夜盲症、眼干燥症（干眼病）。

校园分布： 位于金明校区生命科学学院东侧实验田。

铜砂锣里落盛油，生菜还他萝卜头。但看来年正月半，家家门首挂灯球。
———宋·释慧勤《砂锣盛油》

附录 I

学名（拉丁名）索引

A

Abutilon theophrasti Medicus/229

Acalypha australis L./199

Acer buergerianum Miq./215

Acer henryi Pax/216

Acer negundo L./217

Acer oblongum Wall. ex DC./218

Acer palmatum 'Atropurpureum'/220

Acer paxii Franch./219

Acer pictum Thunb. ex Murray subsp. *mono* (Maxim.) Ohashi/221

Adonis aestivalis L. var. *parviflora* M. Bieb./82

Aegilops triuncialis L./76

Aesculus chinensis Bunge/224

Aglaonema modestum Schott ex Engl./35

Ailanthus altissima (Mill.) Swingle/226

Albizia julibrissin Durazz./99

Alcea rosea L./230

Allium macrostemon Bunge/38

Amaranthus viridis L./260

Amorpha fruticosa L./100

Androsace umbellata (Lour.) Merr./272

Apocynum venetum L./280

Ardisia crenata Sims/273

Arenaria serpyllifolia L./252

Aristolochia contorta Bunge/24

Artemisia annua L./339

Artemisia dubia L. ex B. D. Jacks./340

Arundo donax L./49

Avena fatua L./50

B

Berberis thunbergii DC./80

Bidens bipinnata L./341

Bischofia polycarpa (Lévl.) Airy Shaw/205

Bolboschoenus planiculmis (F. Schmidt) T. V. Egorova/45

Bothriospermum secundum Maxim./287

Bougainvillea spectabilis Willd./266

Brassica rapa L.var. *chinensis* (L.) Kitam./237

Brassica rapa L.var. *oleifera* DC./238

Bromus japonicus Houtt./51

Broussonetia papyrifera (L.) L'Hér. ex Vent./176

Buxus sinica (Rehd. et Wils.) Cheng/90

C

Calystegia hederacea Wall.ex Roxb./290

Calystegia sepium (L.) R. Br. subsp. *spectabilis* Brummitt/292

Calystegia silvatica (Kit.) Griseb. subsp. *orientalis* Brummitt/291

Camellia japonica L./274

Campsis radicans (L.) Bureau/323

Canna × generalis L. H. Bailey & E. Z. Bailey/43

Capsella bursa-pastoris (L.) Medik./239

Cardamine occulta Hornem./240

Carex duriuscula C. A. Mey. subsp. *stenophylloides* (V. Krecz.) S. Y.Liang et Y. C. Tang/46

Catalpa bungei C. A. Mey./325

Catalpa fargesii Bureau/324

Catalpa ovata G. Don/326

Catharanthus roseus (L.) G. Don/281

Causonis japonica (Thunb.) Raf./95

Cedrus deodara (Roxb.) G. Don/15

Celtis biondii Pamp./171

Celtis bungeana Blume/172

Celtis julianae Schneid./173

Celtis koraiensis Nakai/169

Celtis sinensis Pers./170

Centaurea cyanus L./346

Cerastium glomeratum Thuill./253

Cercis chinensis Bunge/101

Cercis chingii Chun/102

Chaenomeles speciosa (Sweet) Nakai/121

Chenopodium album L./261

Chenopodium ficifolium Sm./263

Chenopodium quinoa Willd./262

Chimonanthus praecox (L.) Link/32

Chionanthus retusus Lindl. & Paxton/303

Chloris virgata Sw./52

Chrysanthemum × *morifolium* (Ramat.) Hemsl./342

Chrysanthemum indicum L./343

Cirsium arvense (L.) Scop. var. *integrifolium* C. Wimm. et Grabowski/344

Clerodendrum bungei Steud./327

Clerodendrum trichotomum Thunb./328

Clinopodium gracile (Benth.) Matsum./329

Cocculus orbiculatus (L.) DC./79

Convolvulus arvensis L./293

Coreopsis grandiflora Nutt. ex Chapm./345

Coriandrum sativum L./377

Cornus walteri Wangerin/269

Corydalis edulis Maxim./78

Cotinus coggygria Scop. var. *cinereus* Engl./213

Crataegus pinnatifida Bunge/122

Cucumis melo L. subsp. *agrestis* Naud./181

Cuscuta chinensis Lam./294

Cycas revoluta Thunb./7

Cynanchum chinense R. Br./283

Cynanchum rostellatum (Turcz.) Liede & Khanum/284

Cynanchum thesioides (Freyn) K. Schum./282

Cynodon dactylon (L.) Pers./53

Cyperus rotundus L./47

D

Datura innoxia Mill./298

Datura stramonium L./297

Daucus carota L. var. *sativa* Hoffm./378

Descurainia sophia (L.) Webb ex Prantl/241

Dianthus chinensis L./254

Dichondra micrantha Urb./295

Digitaria ciliaris (Retz.) Koeler/54

Diospyros kaki Thunb./271

Diospyros lotus L./270

Distylium racemosum Siebold & Zucc./93

Duchesnea indica (Andr.) Focke/140

E

Echinochloa crus-galli (L.) P. Beauv. var. *mitis* (Pursh) Peterm./55

Eclipta prostrata (L.) L./347

Edgeworthia chrysantha Lindl./236

Eleusine indica (L.) Gaertn./56

Elymus pendulinus (Nevski) Tzvelev/57

Emmenopterys henryi Oliv./276

Equisetum palustre L./3

Eragrostis Pilosa (L.) Beauv./58

Erigeron annuus (L.) Desf./350

Erigeron bonariensis L./348

Erigeron canadensis L./349

Eriobotrya japonica (Thunb.) Lindl./123

Erysimum cheiranthoides L./242

Eucommia ulmoides Oliv./275

Euonymus fortune (Turcz.) Hand.-Mazz./183

Euonymus hamiltonianus Wall. ex Roxb./185

Euonymus japonicus Thunb./184

Euonymus maackii Rupr./182

Euphorbia esula L./200

Euphorbia helioscopia L./201

Euphorbia humifusa Willd. ex Schlecht./203

Euphorbia maculate L.　202

F

Festuca arundinacea Schreb./59

Ficus carica L./177

Firmiana simplex (L.) W. Wight/231

Fontanesia phillyreoides Labill. subsp. *fortunei* (Carrière) Yalt./304

Forsythia suspensa (Thunb.) Vahl/306

Forsythia viridissima Lindl./305

Fragaria × *ananassa* Duch./124

Fraxinus chinensis Roxb./307

Fraxinus hupehensis S. Z. Qu, C. B. Shang et P. L. Su /309

Fraxinus pennsylvanica Marsh./308

G

Galium spurium L./277

Gaura parviflora Dougl./211

Geranium carolinianum L./206

Ginkgo biloba L./8

Gleditsia sinensis Lam./103

Gossypium hirsutum L./232

Grewia biloba G.Don var. *parviflora* (Bunge) Hand.-Mazz./233

Gueldenstaedtia verna (Georgi) Boriss./104

Gypsophila vaccaria Sm./255

H

Helianthus tuberosus Parry/351

Hemerocallis fulva (L.) L./37

Hemisteptia lyrata (Bunge) Bunge/352

Hibiscus syriacus L./234

Humulus scandens (Lour.) Merr./174

I

Ilex cornuta Lindl. & Paxton/338

Imperata cylindrica (L.) Raeusch./60

Indocalamus latifolius (Keng) McClure/61

Inula japonica (Miq.) Komarov/353

Ipomoea nil (L.) Roth/296

Iris tectorum Maxim./36

Ixeris chinensis (Thunb. ex Thunb.) Nakai/354

J

Jasminum nudiflorum Lindl./310

Juglans regia L./179

Juniperus chinensis 'Kaizuka'/10

Juniperus procumbens (Siebold ex Endl.) Miq./9

Juniperus virginiana L./11

K

Kalopanax septemlobus (Thunb.) Koidz./376

Kerria japonica (L.) DC./125

Koelreuteria bipinnata Franch./223

Koelreuteria paniculata Laxm./222

Kolkwitzia amabilis Graebn./370

L

Lactuca serriola L./355

Lagerstroemia indica L./208

Lagopsis supina (Steph. ex Willd.) Ikonn.-Gal./330

Lamium amplexicaule L./331

Lepidium apetalum Willd./243

Lepidium didymum L./245

Lepidium virginicum L./244

Lespedeza davurica (Laxm.) Schindl./105

Ligustrum × *vicaryi* Rehder/313

Ligustrum japonicum 'Howardii'/312

Ligustrum lucidum Ait./311

Ligustrum quihoui Carrière/314

Ligustrum sinense Lour./315

Lindera glauca (Siebold et Zucc.) Blume/33

Liriodendron × *sinoamericanum* P.C. Yieh ex C.B. Shang & Zhang R. Wang/25

Lithospermum arvense L./288

Lolium multiflorum Lamk./64

Lolium perenne L./63

Lolium rigidum Gaud./62

Lonicera fragrantissima Lindl. ex Paxt./373

Lonicera japonica Thunb./371

Lonicera maackii (Rupr.) Maxim./372

Lycium chinense Mill./299

Lythrum salicaria L./209

M

Magnolia grandiflora L./26

Malus × *micromalus* Makino/126

Malus 'American'/128

Malus asiatica Nakai/131

Malus baccata (L.) Borkh./135

Malus halliana Koehne/127

Malus hupehensis (Pamp.) Rehder/129

Malus mandshurica (Maxim.) Kom. ex Juz./132

Malus prunifolia (Willd.) Borkh./134

Malus pumila Mill./133

Malus spectabilis (Ait.) Borkh./130

Mazus pumilus (Burm. f.) Steenis/336

Medicago lupulina L./106

Medicago minima (L.) Grufberg/107

Medicago sativa L./108

Melia azedarach L./228

Melilotus albus Desr./110

Melilotus officinalis (L.) Lam./109

Mentha canadensis L./332

Metasequoia glyptostroboides Hu & W. C. Cheng/13

Mirabilis jalapa L./267

Monstera deliciosa Liebm./34

Morus alba L./178

Myosoton aquaticum (L.) Moench/256

N

Nandina domestica Thunb./81

Nelumbo nucifera Gaertn./86

Nerium oleander L./285

Nymphaea alba L./23

O

Ophiopogon bodinieri H. Lév./40

Ophiopogon japonicus (L. f.) Ker Gawl./39

Orychophragmus violaceus (L.) O. E. Schulz/246

Osmanthus fragrans (Thunb.) Lour./316

Oxalis articulata Savigny/187

Oxalis corniculate L./186

Oxalis corymbosa DC./188

P

Paederia foetida L./278

Paeonia × *suffruticosa* Andrews/92

Paeonia lactiflora Pall./91

Pelargonium hortorum Bailey/207

Periploca sepium Bunge/286

Photinia × *fraseri* Dress/137

Photinia serratifolia (Desf.) Kalkman/136

Phragmites australis (Cav.) Trin. ex Steud./65

Phyllostachys aureosulcata 'Spectabilis'/69

Phyllostachys glauca McClure var. *variabilis* J. L. Lu/68

Phyllostachys nigra (Lodd. ex Lindl.) Munro/66

Phyllostachys reticulata 'Lacrima-deae'/67

Physalis minima L./300

Phytolacca americana L./265

Pinus bungeana Zucc. ex Endl./16

Pinus elliottii Engelm./19

Pinus massoniana Lamb./18

Pinus tabuliformis Carrière/20

Pinus thunbergii Parl./17

Pistacia chinensis Bunge/212

Pittosporum tobira (Thunb.) Ait./375

Plantago asiatica Ledeb./318

Platanus × *acerifolia* (Aiton) Willd./88

Platanus occidentalis L./87

Platanus orientalis L./89

Platycladus orientalis 'Sieboldii'/12

Poa annua L./70

Poa pratensis L./71

Polygonum aviculare L./250

Polypogon fugax Nees ex Steud./73

Polypogon monspeliensis (L.) Desf./72

Populus × *canadensis* Moench/192

Populus pseudotomentosa C. Wang & S.L. Tung/194

Populus tomentosa Carrière/193

Portulaca oleracea L./268

Potentilla reptans L. var. *sericophylla* Franch./139

Potentilla supina L./138

Prunus × *blireana* 'Meiren'/152

Prunus armeniaca L./156

Prunus avium (L.) Moench/146

Prunus cerasifera 'Pissardii'/155

Prunus davidiana (Carrière) Franch./150

Prunus glandulosa 'Albo-plena'/141

Prunus mume (Siebold) Siebold et Zucc./151

Prunus persica (L.) Batsch var. *aganopersica* (Reich.) Voss/148

Prunus persica (L.) Batsch var. *Persica*/147

Prunus persica 'Albo-plena'/149

Prunus persica 'Atropurpurea'/149

Prunus persica 'Dianthiflora'/149

Prunus persica 'Magnifica'/149

Prunus pseudocerasus Lindl./145

Prunus salicina Lindl./154

Prunus serrulata Lindl./143

Prunus serrulata Lindl. var. *lannesiana* (Carrière) Makino/144

Prunus triloba Lindl./153

Prunus yedoensis Matsum./142

Pseudocydonia sinensis (Thouin) C. K. Schneid./120

Pterocarya stenoptera C. DC./180

Pteroceltis tatarinowii Maxim./175

Punica granatum L./210

Pyracantha fortuneana (Maxim.) Li/157

Pyrus betulifolia Bunge/160

Pyrus bretschneideri Rehder/158

Pyrus calleryana Dcne./159

R

Ranunculus asiaticus (L.) Lepech/83

Ranunculus chinensis Bunge/84

Ranunculus sceleratus L./85

Raphanus sativus L./247

Rehmannia glutinosa (Gaertn.) DC./337

Rhus typhina L./214

Robinia hispida L./113

Robinia pseudoacacia L./112

Rosa chinensis Jacq./162

Rosa multiflora Thunb./161

Rubia cordifolia L./279

Rumex dentatus L./251

S

Salix babylonica L./197

Salix chaenomeloides Kimura/195

Salix matsudana Koidz./196

Salsola collina Pall./264

Salvia miltiorrhiza Bunge/333

Salvia plebeia R. Br./334

Schoenoplectus tabernaemontani (C. C. Gmelin) Palla/48

Sedum sarmentosum Bunge/94

Sesamum indicum L./322

Setaria faberi R. A. W. Herrmann/74

Setaria viridis (L.) Beauv./75

Silene armeria L./257

Silene conoidea L./258

Solanum lyratum Thunb./301

Solanum nigrum L./302

Sonchus asper (L.) Hill./357

Sonchus brachyotus DC./358

Sonchus oleraceus (L.) L./356

Spiraea blumei G. Don/163

Stellaria media (L.) Vill./259

Strigosella africana (L.) Botsch./248

Styphnolobium japonicum (L.) Schott/111

Symphyotrichum subulatum (Michx.) G. L. Nesom/359

Syringa oblata Lindl. var. *giraldii* (Lemoine) Rehder/317

T

Tagetes erecta L./360

Tamarix chinensis Lour./249

Taraxacum mongolicum Hand.-Mazz./361

Taraxacum officinale F. H. Wigg./362

Taxodium distichum (L.) Rich. var. *imbricatum* (Nutt.) Croom/14

Tilia paucicostata Maxim./235

Toona sinensis (A. Juss.) Roem./227

Trachycarpus fortune (Hook.) H. Wendl./42

Triadica sebifera (L.) Small/204

Tribulus terrestris L./98

Trifolium repens L./114

Trigonotis peduncularis (Trev.) Benth. ex Baker et Moore/289

Triticum aestivum L./77

Typha angustifolia L./44

U

Ulmus parvifolia Jacq./165

Ulmus pumila L./166

V

Veronica arvensis L./321

Veronica persica Poir./320

Veronica polita Fries/319

Viburnum awabuki K. Koch/369

Viburnum macrocephalum Fortune f. *keteleeri* (Carrière) Rehder/367

Viburnum rhytidophyllum Hemsl./368

Viburnum thunbergianum 'Plenum'/366

Vicia faba L./115

Vicia hirsuta (L.) Gray/118

Vicia sativa Guss. subsp. *nigra* (L.) Ehrh./117

Vicia sativa Guss. subsp. *Sativa*/116

Viola × *williamsii* Wittr./190

Viola philippica Cav./189

Viola prionantha Bunge/191

Vitex negundo L./335

Vitis bryoniifolia Bunge/97

Vitis vinifera L./96

W

Weigela florida (Bunge) A. DC./374

Wisteria villosa Rehder/119

X

Xanthium strumarium L./363

Xylosma congesta (Lour.) Merr./198

Y

Youngia heterophylla (Hemsl.) Babcock et Stebbins/365

Youngia japonica (L.) DC./364

Yucca gloriosa L./41

Yulania × *soulangeana* (Soul.-Bod.) D. L. Fu/29

Yulania biondii (Pamp.) D. L. Fu/31

Yulania denudata (Desr.) D. L. Fu/28

Yulania liliiflora (Desr.) D. C. Fu/30

Yulania zenii (W. C. Cheng) D. L. Fu/27

Z

Zanthoxylum bungeanum Maxim./225

Zelkova schneideriana Hand.-Mazz./168

Zelkova sinica C. K. Schneid./167

Ziziphus jujuba Mill./164

附录 II

中文名索引

A
阿拉伯婆婆纳 /320

B
白车轴草 /114
白杜 /182
白花草木樨 /110
白花重瓣麦李 /141
白蜡树 /307
白梨 /158
白茅 /60
白皮松 /16
白睡莲 /23
白英 /301
斑地锦 /202
斑竹 /67
棒头草 /73
薄荷 /332
宝盖草 /331
宝华玉兰 /27
北马兜铃 /24
北美独行菜 /244
北美海棠 /128
北美圆柏 /11
萹蓄 /250
扁秆荆三棱 /45
变竹 /68
播娘蒿 /241

C
蚕豆 /115
苍耳 /363
草地早熟禾 /71
草莓 /124
草木樨 /109

梣叶槭 /217
朝天委陵菜 /138
车前 /318
柽柳 /249
池杉 /14
齿果酸模 /251
臭椿 /226
臭荠 /245
臭牡丹 /327
垂柳 /197
垂盆草 /94
垂丝海棠 /127
垂序商陆 /265
刺儿菜 /344
刺槐 /112
刺楸 /376
长春花 /281
长裂苦苣菜 /358
长芒棒头草 /72
酢浆草 /186

D
打碗花 /290
大狗尾草 /74
大果榉 /167
大花金鸡菊 /345
大花美人蕉 /43
大叶榉 /168
大叶朴 /169
丹参 /333
地黄 /337
地锦草 /203
地梢瓜 /282
棣棠花 /125
点地梅 /272

东京樱花 /142
冬青卫矛 /184
豆梨 /159
独行菜 /243
杜梨 /160
杜仲 /275
多苞斑种草 /287
多花黑麦草 /64

E
鹅肠菜 /256
鹅绒藤 /283
二乔玉兰 /29
二球悬铃木 /88

F
繁缕 /259
飞蛾槭 /218
粉团 /366
枫杨 /180
凤尾丝兰 /41
扶芳藤 /183
附地菜 /289
复羽叶栾树 /223

G
杠柳 /286
高雪轮 /257
狗尾草 /75
狗牙根 /53
枸骨 /338
枸杞 /299
构树 /176
关节酢浆草 /187
广东万年青 /35

龟背竹 /34

H

海棠花 /130
海桐 /375
海州常山 /328
旱柳 /196
合欢 /99
荷花玉兰 /26
黑弹树 /172
黑麦草 /63
黑松 /17
红槭 /220
红花酢浆草 /188
红叶石楠 /137
厚萼凌霄 /323
胡萝卜 /378
胡桃 /179
湖北梣 /309
湖北海棠 /129
虎尾草 /52
花红 /131
花椒 /225
花毛茛 /83
画眉草 /58
槐 /111
黄鹌菜 /364
黄花蒿 /339
黄荆 /335
黄连木 /212
黄栌 /213
黄山紫荆 /102
黄杨 /90
灰楸 /324
茴茴蒜 /84
火棘 /157
火炬树 /214

J

鸡屎藤 /278
蒺藜 /98
荠 /239
加杨 /192
夹竹桃 /285
建始槭 /216
节节麦 /76
结香 /236
金森女贞 /312
金沙槭 /219
金镶玉竹 /69
金叶女贞 /313
金银忍冬 /372
金钟花 /305
锦带花 /374
救荒野豌豆 /116
菊花 /342
菊芋 /351
绢毛匍匐委陵菜 /139
君迁子 /270

K

苦苣菜 /356
阔叶箬竹 /61

L

蜡梅 /32
榔榆 /165
离核毛桃 /148
藜 /261
藜麦 /262
李 /154
鳢肠 /347
荔枝草 /334
连翘 /306
莲 /86
楝 /228
流苏树 /303

龙柏 /10
龙葵 /302
芦苇 /65
芦竹 /49
陆地棉 /232
栾树 /222
罗布麻 /280
萝卜 /247
萝藦 /284
荩草 /174

M

马齿苋 /268
马泡瓜 /181
马蹄金 /295
马尾松 /18
麦冬 /39
麦蓝菜 /255
麦瓶草 /258
曼陀罗 /297
毛白杨 /193
毛梾 /269
毛曼陀罗 /298
毛山荆子 /132
毛洋槐 /113
毛紫丁香 /317
梅 /151
美国梣 /308
美人梅 /152
牡丹 /92
木防己 /79
木瓜 /120
木槿 /234
木樨 /316

N

南天竹 /81
泥胡菜 /352
牛筋草 /56

附录 II 中文名索引 387

牛尾蒿 /340
女贞 /311

O
欧旋花 /292
欧洲甜樱桃 /146

P
枇杷 /123
苹果 /133
婆婆纳 /319
婆婆针 /341
葡萄 /96
蒲公英 /361
朴树 /170
普通小麦 /77
铺地柏 /9

Q
七叶树 /224
千屈菜 /209
千头柏 /12
牵牛 /296
茜草 /279
青菜 /237
青檀 /175
苘麻 /229
琼花 /367
楸 /325
楸子 /134
球序卷耳 /253
犬问荆 /3
雀麦 /51

R
忍冬 /371
日本珊瑚树 /369
日本晚樱 /144
日本小檗 /80

乳浆大戟 /200

S
三角槭 /215
三球悬铃木 /89
三色堇 /190
桑 /178
涩芥 /248
山茶 /274
山胡椒 /33
山荆子 /135
山桃 /150
山樱花 /143
山楂 /122
珊瑚朴 /173
芍药 /91
少花米口袋 /104
少脉椴 /235
蛇莓 /140
湿地松 /19
石榴 /210
石龙芮 /85
石楠 /136
石竹 /254
矢车菊 /346
柿 /271
蜀葵 /230
水葱 /48
水杉 /13
水烛 /44
苏铁 /7
碎米荠 /240

T
桃 /147
桃的四个品种 /149
藤萝 /119
天蓝苜蓿 /106
天竺葵 /207

田旋花 /293
田紫草 /288
贴梗海棠 /121
铁苋菜 /199
通泉草 /336
菟丝子 /294

W
万寿菊 /360
望春玉兰 /31
苇状羊茅 /59
蝟实 /370
蚊母树 /93
乌桕 /204
乌蔹莓 /95
无花果 /177
无芒稗 /55
无心菜 /252
梧桐 /231
五角槭 /221

X
西府海棠 /126
西南卫矛 /185
细风轮菜 /329
细叶薹草 /46
夏至草 /330
纤毛马唐 /54
腺柳 /195
香椿 /227
香附子 /47
香果树 /276
香丝草 /348
响毛杨 /194
小侧金盏花 /82
小巢菜 /118
小花扁担杆 /233
小花山桃草 /211
小花糖芥 /242

小蜡 /315
小藜 /263
小苜蓿 /107
小蓬草 /349
小酸浆 /300
小叶女贞 /314
薤白 /38
兴安胡枝子 /105
杏 /156
绣球绣线菊 /163
续断菊 /357
萱草 /37
旋覆花 /353
旋花 /291
雪柳 /304
雪松 /15

Y

芫荽 /377
沿阶草 /40
药用蒲公英 /362
野菊 /343
野老鹳草 /206
野蔷薇 /161
野莴苣 /355
野燕麦 /50

叶子花 /266
一年蓬 /350
一球悬铃木 /87
异叶黄鹌菜 /365
银杏 /8
樱桃 /145
蘡薁 /97
迎春花 /310
硬直黑麦草 /62
油松 /20
榆树 /166
榆叶梅 /153
玉兰 /28
郁香忍冬 /373
鸢尾 /36
缘毛鹅观草 /57
月季花 /162
芸薹 /238

Z

杂交鹅掌楸 /25
早开堇菜 /191
早熟禾 /70
枣 /164
皂荚 /103
泽漆 /201

柞木 /198
窄叶野豌豆 /117
芝麻 /322
直立婆婆纳 /321
中华苦荬菜 /354
重阳木 /205
皱果苋 /260
皱叶荚蒾 /368
朱砂根 /273
诸葛菜 /246
猪毛菜 /264
猪殃殃 /277
梓 /326
紫弹树 /171
紫花地丁 /189
紫堇 /78
紫荆 /101
紫茉莉 /267
紫苜蓿 /108
紫穗槐 /100
紫薇 /208
紫叶李 /155
紫玉兰 /30
紫竹 /66
棕榈 /42
钻叶紫菀 /359

附录 II 中文名索引 389